도시의 미래

진화하는 도시, 인간은 어떤 미래에서 살게 될 것인가

도시의 미래

프리드리히 폰 보리스·벤야민 카스텐 지음 | 이덕임 옮김 | 서경희 감수

와이즈맵

도시의 미래가 인류의 미래다

인류 역사에서 도시는 항상 도전과 극복을 통해 발전을 거듭해 왔다. 18세기 산업혁명은 새로운 유형의 도시를 출현시켰다. 새로이 등장한 산업도시는 유입된 인구로 인한 주택 가격 폭등, 오염과 공해, 질병과 보건 위생 등의 문제에 직면하였고, 이를 해결하기 위해 도시 계획 이론이 나오기 시작했다. 긍정적 또는 부정적인 변곡점을 통해 도시는 성장했고 진일보하는 행보를 이어온 것이다.

도시의 패러다임은 18~19세기 산업혁명을 통한 산업도시의 탄생, 20세기 서비스 산업의 성장(및 산업시설의 탈도시화)을 통한 서비스 도시의 성장 그리고 21세기 초 모바일 플랫폼 혁명을 통한 새로운 유형의 플랫폼 도시로 이어지고 있다. 아마존을 필두로 한 플랫폼 산업의 성장은 쇼핑몰과 백화점, 대형마트 등 오프라인 상업시설을 위기로 몰아넣었고 그 동안 도시에서 쫓겨났던 물류 시설을 다시 도시로 불러들이고 있다. 이는 사람들의 라이프스타일을 변화시켰고 변화된 라이프스타일은 다시 플랫폼 산업의 성장을 가속화했다. 즉, 도시 및 공간과 관련한 거대한 패러다임의 변화는 이미 2010년대 초반부터 시작돼 2010년대 중반을 지나며 가속화되고 있었던 것이다.

그런데 플랫폼 혁명의 와중, 우리는 코로나19라는 전 세계사적으로 유례없는 상황에 처했다. 하지만 우리는 현재의 상황이 위기인 동시에 변화의 변곡점이 될 것임을 역사를 통해 알 수 있다. 그리고 놀라운 것은 코로나19로 인해 기존 패러다임의 변화가 더욱 가속화되고, 심화되고 있는 점이다. 아마존은 더욱 빠르게 성장하고 있고, 코로나19 위기에 휩싸인 오프라인 상업시설들은 문을 닫고 있다. 변화는 걷잡을 수 없는 속도로 진행 중이다.

21세기 현재, 도시는 또 하나의 세계가 되었다. 따라서 도시의 미래는 세계의 미래이자 인류의 미래일 수밖에 없다.《도시의 미래》저자들이 이야기하는 '도시 이야기'는 단순한 건축과 개발의 이야기가 아니다. '글로벌폴리스'라는 개념은 부동산, 건설, 금융, 교통, 통신, 농업, 라이프스타일 등 그야말로 우리의 삶 전체를 아우르는 혁신의 미래를 보여준다.

플랫폼의 성장 그리고 플랫폼들이 오프라인 공간으로 내려오는 현재의 상황으로 미루어 보아 미래의 도시는 거대한 '플랫폼 생태계'를 만들어 낼 것이다. 건축가이자 도시 개발 전문가들인 두 사람은 이러한 변화의 흐름과 상통하는 미래 도시의 핵심 키워드로 '공유 경제', '순환 경제', '지역 자산화'를 이야기한다. 공유 오피스, 디지털 노마드, 환경 도시의 탄생 등 우리는 이미 다양한 변화를 직간접적으로 경험하고 있다. 또한 저자들은 미래형 도시가 상상 속 유토피아 같은 세계가 아니라는 점을 현재 완성되었거나 진행 중인 프로젝트들을 통해 생생하게 전달해준다.

이 책은 국가의 개념을 뛰어넘어 플랫폼 네트워크로 연결될 미래의 도시가 보여줄 '빅 픽처'를 통해 국가와 도시, 산업계와 개개인들이 나아가야 할 관점을 뚜렷하게 제시해준다.

김경민(서울대학교 환경대학원 교수)

코로나19와 도시의 미래

전 세계는 지금 유례없는 위기상황을 맞고 있다. 코로나19라는 바이러스는 정치, 사회, 경제 등 전 분야에 걸쳐 예상치 못한 많은 변화를 몰고 왔다. 그렇다면 코로나19 이후 우리가 당면하게 될 미래 도시와 우리가 2019년에 이야기했던 미래의 도시는 다른 모습일까? 답은 '그렇다'와 '아니다', 모두 가능하다. 코로나 시대를 지나오며 우리 사회에 일어날 수 있는 변화에 대한 많은 논의가 이루어진 점에서는 '그렇다'라고 할 수 있다. 반면 코로나 사태로 인해 오히려 여러 사회적 갈등이 명확해진 측면에서는 '아니다'라고 말할 수도 있을 것이다. 우리가 코로나19 사태 이전에 설계한 미래형 거대 도시 '글로벌폴리스'에 대해 몇 가지 예를 들어 설명하려고 한다.

정치적인 차원에서 보면, 국가 단위로는 다양한 글로벌 현황들에 적절하게 대응할 수 없는 만큼 국가를 대신해 도시 네트워크가 그 역할을 수행해야 한다는 것이 글로벌폴리스의 핵심 메시지 중 하나이다. 현재 유럽의 정치는 국가주의로 흘러가고 있으며 나머지 지역에서도 국경 폐쇄 또는 입국 금지 같은 현상이 나타나고 있다. 이런 상황을 보면 우리가 예상했던 방향과는 반대의 흐름이 벌어지고 있는 것처럼 보이기도 한다. 하지만 자세히 들여다보면 국가주의로의 귀환은 수송 문제에 따른 결과이자 역량 부족으로 인한 '마지막 몸부림'처럼 보인다.

전염병이 세계적인 현상이라는 것은 더 이상 누구도 부인할 수 없으며, 국지적으로 발생한 감염에 대해서는 국지적인 방식으로 제한하고 싸워야 한다는 것은 점점 분명해지고 있다. 국가 차원이 아니라 '도시'의 정치적 역량을 키우고 전 세계적 연대 조직(경제, 기술, 물류, 사회 지원망)을 강화시키는 것만이 코로나19의 해결에 다가설 수 있을 것이다. 코로나19로 인해 우리는 도시가 지닌 취약점을 분석하게 되었고, 동시에 21세기의 도전에 직면하기 위해서는 더 탄력적일 필요가 있다는 것을 깨닫게 되었다.

글로벌폴리스의 주요 특징 중 하나는 현재의 도시보다 밀도가 높고, 선형적이고, 네트워크를 갖춘 구조로 건설되어야 한다는 점이다. 언뜻 보기에 인구 밀도가 높다는 것은 비생산적으로 보이지만 인구 증가와 이동성, 에너지 공급, 기후 변화에 대응하기 위해서는 필수적인 요소이기도 하다. 그렇다면 밀도가 높은 도시에서는 어떻게 전염병의 위험을 최소화할 수 있을까?

많은 과학자들은 바이러스가 동물에서 인간으로 확산되는 원인을 자연 영역을 파괴한 결과로 보고 있다. 따라서 자연 공간을 더 많이 남겨두는 촘촘한 네트워크 방식의 도시는 적어도 전염병의 위험을 증가시키지는 않을 것으로 본다.

하지만 우리가 간과해서는 안 되는 지점이 있다. 글로벌폴리스에서 우리가 꿈꾸었던 높은 인구 밀도는 사적인 공간을 공적 공간으로 전환시킴으로써 가능하다는 점이다. 이는 생활 공간과 이동성 모두에 영향을 미치며 사람 간의 만남의 횟수를 늘리는 만큼 삶의 질을 높여준다고 설명한 바 있다. 하지만 감염의 위험 앞에서는 바로 이러한 만남을 피하거나 최소화해야 한다. 이는 인구 밀도가 높은 도시를 추구하는 우리의 관점에서 무엇을 의미할까?

한 가지 해결책은 건축에서 찾을 수 있다. 우리는 자가격리 시기에 심리적 균형을 잡아줄 수 있는 중요한 요소로 생활 공간에서의 열린 공간과 녹지 공간의 역할을 제안하고자 한다. 코로나19를 겪으면서 우리는 이러한 측면이 좀 더 급진적이고 근본적인 방법으로 고려되어야 한다는 것을 깨닫게 되었다. 앞으로는 여럿이 일하고 생활하던 삶의 조건이 근본적으로 바뀌고, 사람들이 집에서 많은 시간을 보내게 될 수 있다. 따라서 건축물 역시 이에 맞추어 설계되어야 하고 완전히 새로운 형태의 유연성을 보장할 수 있어야 한다. 한편으로는 개인의 벽을 벗어나 사람들과 접촉하지 않고도 자유롭게 접근할 수 있고, 웰빙의 삶을 누릴 수 있는 적절하게 구획된 개방 공간과 녹지 공간이 필요하다. 또 다른 해결책은 사람들 간의 만남을 디지털 기기로 기록하거나 공간을 필요에 따라 제어할 수 있도록 스마트 방식을 도입하는 것이다. 이런 형태의 통제에 대해 다소 거부감을 지닌 사람들도 있지만 코로나19라는 유례없는 상황을 감안한다면 공동체의 공간 사용에 대한 어느 정도의 통제가 오히려 합리적인 것이 아닐까 싶다. 미래의 건축가들에게는 포스트 코로나 시대에 공간의 집단적 이용을 효과적으로 제어할 수 있는 형태를 찾는 한편 고립감을 느끼지 않는 공간의 설계가 중요한 과제가 될 것이다.

미래의 글로벌폴리스를 상상하면서 우리는 공유 이동수단으로 개별적인 이동수단을 대체하는 또 다른 형태의 이동성 문화를 제시했다. 하지만 코로나19 시대에는 당연히 그 반대의 흐름이 부각될 수밖에 없다. 자동차를 비롯한 개인적 이동수단이 증가가 그것이다. 다행히 많은 유럽 도시에서 이전에는 결코 실현 가능하지 않을 것 같았던 자전거 인프라가 급격하게 형성되기도 했다. 반면 많은 사람들이 집에서 일하고, 출장을 가지 않는 등의 이유로 적어도 유럽의 도시에서는 전반적으로 이동성이 감소했다. 다행히 많은 사람이 이 같은 변화를 삶의 질이 저하된 것으로 인식하기보다는 이전에는 의문을 제기하지 않았던 일상으로부터의 해방으로 받아들인다. 환경적으로 해로운 이동수단을 사용하는 대신 디지털 방식으로 의사소통을 대체하고, 가까운 거리에서 도시가 자체적으로 조직을 꾸려가는 일이 짧은 시간 안에 가능한 일이 된 것이다.

도시 개발의 관점에서 보면 코로나19의 경험은 우리에게 많은 용기를 주었다. 생태학적으로 지속 가능한 도시의 발전을 이끌 용기, 그리고 우리가 훨씬 더 급진적이고 근본적이며 더 친환경적인 방식으로 미래 도시의 다음 페이지를 채워 갈 수 있는 용기말이다.

2020년 8월
프리드리히 폰 보리스와 벤야민 카스텐

위협받는 도시, 인류는 어떤 미래에서 살 것인가

19세기와 20세기는 팽창적 모더니즘의 시대였다. 세계의 점점 더 많은 지역이 산업화와 성장의 길을 따랐고, 그 속의 사람들은 물질적 진보와 비물질적 진보를 동시에 경험했다. 사회는 민주화되고, 자유주의 헌법 국가로 발전했으며 직업 안전과 건강, 교육 그리고 사회적 권리를 위한 투쟁이 전방위로 이루어졌다. 21세기에 들어서 세계화가 거의 전 지구를 성장 경제의 회오리 속으로 끌어들였다. 하지만 그 모든 곳에 자유와 민주주의와 법이 뿌리내리지는 않았기 때문에 우리는 인류가 성취한 문명의 기준을 확보해야 한다는 도전에 직면해 있다. 환경 파괴와 자원 경쟁, 지구 온난화와 같은 심각한 문제를 비롯해 수많은 문제로 우리의 문명이 위협받고 있기 때문이다.

그렇다면 더 이상 끊임없는 팽창의 원리를 따르지 않고 현재 소비되고 있는 물질과 에너지의 5분의 1만으로도 좋은 삶을 누릴 수 있다면 그러한 사회는 어떤 모습일까? 유감스럽지만 지금은 누구도 그 답을 제시하지 못한다. 그런 시대를 위한 마스터플랜이 아직 없기 때문이다. 그러므로 앞으로 일어날 변화가 두렵기보다는 매력적일 수 있는 대안적인 이동 방식, 식문화, 건축 및 주거 공간 등을 통해 지속 가능한 삶의 질이 보장되어야 한다.

우리가 구체적인 유토피아를 담아낸 이 책을 기획한 이유는 미래의 경제와 삶의 방향을 제시하기 위해서이다. 구체적 유토피아란 현재의 기술적, 사회적 가능성을 기반으로 한 실현 가능한 미래 시나리오를 말한다. 이러한 미래의 청사진을 기반으로 비로소 우리는 바람직한 방향으로 발전하기 위해 오늘날 취해야 할 단계를 고려할 수 있다. 다시 말하자면 미래에 대한 전망 없이는 미래의 정치 형태도, 그러한 정치 형태를 위한 시민 사회의 역할도 상정하기 어렵다. 정치와 시민 사회가 뱀 앞에 놓인 토끼 마냥 허약한 현실을 유지한다면 다른 목표를 향해 나아갈 수 있는 동력을 잃어버리게 되는 것이다. 이들이 현재에 머물러만 있다면 이는 변화하는 세계에서 치명적인 허점이 된다.

이제 우리는 시선을 현재에서 미래로 돌리려 한다. 이를 통해

지속 가능한 현대 사회를 디자인하기 위한 관점, 정치인과 시민
모두가 자신들의 역할 범위를 활용하여 더 나은 삶으로 나아갈 수
있도록 구체적인 관점을 제시할 수 있기를 바란다.

차례

5 추천사 도시의 미래가 인류의 미래다

8 한국어판 서문 코로나19와 도시의 미래

13 프롤로그 위협받는 도시, 인류는 어떤 미래에서 살 것인가

1장 미래의 도시는 어떤 모습일까?

2장 도시의 미래를 설계하다

55 미래 도시를 위해 해결해야 할 과제들

62 도시의 새로운 정체성을 정립하다

68 글로벌폴리스, 미래 도시의 대안

74 국가의 역할을 대체하다

77 새로운 세상을 위한 비전

79 어떻게 도시를 만들어갈 것인가?

3장 미래 도시를 완성하는 11가지 키워드

87 커져가는 도시, 몰려드는 사람들 _인구 밀도

96 도시를 더 가치 있는 공간으로 _기반시설

99 가난할수록 도시에 가까워질 수 없는 이유 _이동성

109 자연과 인공의 완전한 공존 _생태계

118 모든 것은 도시에서 생산된다 _자원

129　새로운 업무 형태의 등장 _일

138　다양한 주거 방식으로의 변화 _주거

146　도시는 누구의 소유인가? _소유권

153　기술은 도시를 보호할 수 있는가? _보안

157　모든 건 시민이 결정한다 _참여

161　이질성과 불완전함의 아름다움 _미학

4장　글로벌폴리스의 아이러니

171　글로벌폴리스의 유의점

5장　인터뷰_글로벌폴리스를 위한 제언

177　글로벌 전문가들이 예측한 도시의 미래

179　아주 작으면서도 거대한 도시 _용호창

186　많이 갖는 것이 행복의 열쇠는 아니다 _디에베도 프란시스 케레

193　도시가 유일한 삶의 방식은 아니다 _루이자 프라도 데 오마틴스

6장　현실화된 미래 도시

201　미래형 도시 프로젝트 49

266　**에필로그**　지속 가능한 미래를 위하여

268　**데이터 출처**

1장

미래의 도시는 어떤 모습일까?

우리는 기차를 타고 베를린으로 돌아가는 중이었다.

그러다 시나브로 깊은 잠에 빠져들었다···.

도시의 미래

꿈속의 우리는 2070년의 베를린에 있었다. 베를린은 미래의 도시 공동체인 글로벌폴리스Globalopolis가 되어 있었다. 국가는 사라지고 있고 전 세계적으로 도시 간 네트워크가 그 자리를 대체하고 있다. 세상은 변하고 있으며 미래는 단정할 수 없다.

이 네트워크의 대표들이 베를린으로 향하고 있는 중이다. 그들은···

도시의 미래

이방카Ivanka, 89세의 뉴욕 시장. 홍수로부터 도시를 보호하기 위해 도시 주변에 거대한 장벽을 세웠다.

얀^{Jan}, 134세의 코펜하겐 시장. 늘 자전거로 출퇴근을 하며 매일 요가 수행을 하는 지혜로운 지도자이다.

서울에서 온 총크총크. 기계의 대표로서 생명의 보편적인 권리를 내세운다.

동물들의 대표인 거북이도 역시 참석하기로 했다. 다만 이들이 토론장에서 하는 말을 대부분 이해하지 못한다는 점이 아쉽다.

베를린이 도시 네트워크의 일원이 된 지는 2년이 지났다. 800만의 시민이 기후 중립적인 환경에서 살고 있다.

16세의 리사 부봉Lisa Bowong은 제비뽑기로 베를린 시장이 되었다.
그녀는 테겔 공항에서 각 도시의 대표들을 맞이할 것이다.

리사의 정책적 목표를 반영하기 위해서는 베를린 시민들의 지원
뿐만이 아니라 도시 네트워크의 승인도 필요하다.

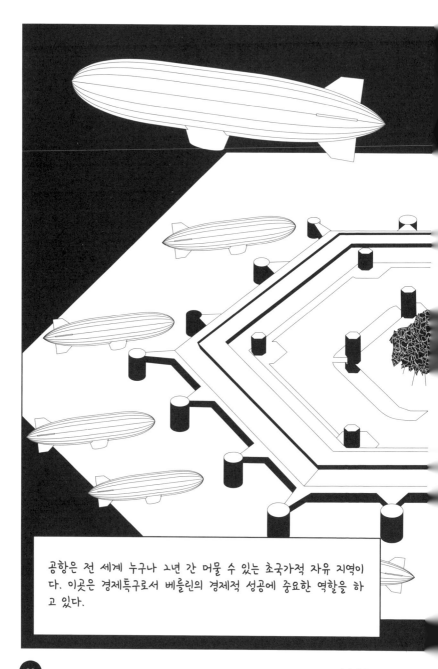

공항은 전 세계 누구나 그년 간 머물 수 있는 초국가적 자유 지역이다. 이곳은 경제특구로서 베를린의 경제적 성공에 중요한 역할을 하고 있다.

도시의 미래

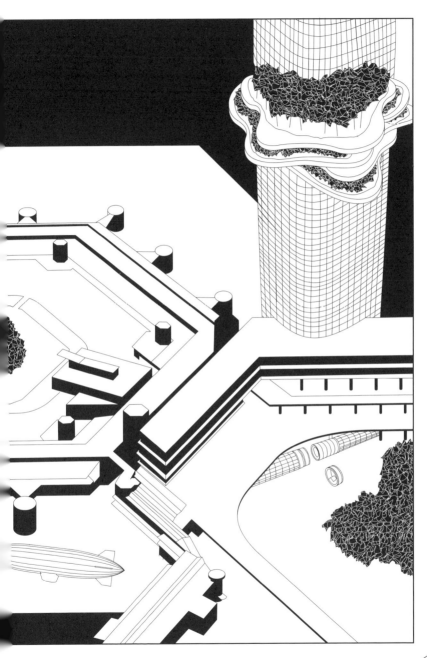

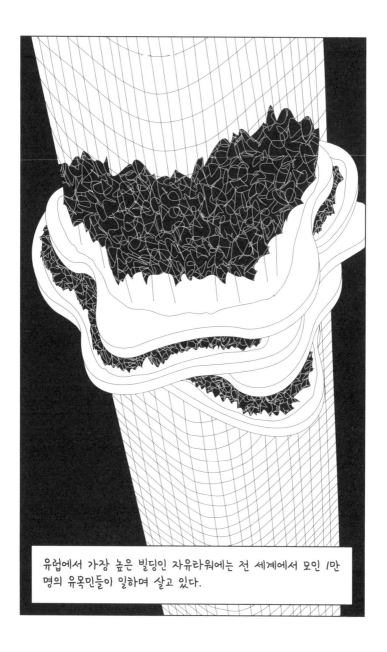

유럽에서 가장 높은 빌딩인 자유타워에는 전 세계에서 모인 1만 명의 유목민들이 일하며 살고 있다.

도시의 미래

리사는 각 도시 대표들과 베를린으로 이동하는 동안 혁신 구역에서 진행 중인 정책 프로그램에 대해 설명한다. 공항에서 대표들은 새로운 플라이휠Flywheel을 타게 된다.

플라이휠은 자율주행 기능을 가진 캡슐형 탈것으로, 기차와 연결되기도 한다. 얀은 이걸 타기 위해 자전거를 두고 가기로 했다.

도시의 미래

플라이휠이 도입되면서 더 이상 거리에서 차들을 볼 수 없게 되었다. 그 많던 도로들은 기다란 공원으로 바뀌었다. 베를린은 이제 녹색 도시가 되었다.

지하 차도는 지하 농장이 되었다.

그곳에서는 버섯과 조류(藻類), 채소 등이 재배되며 곤충들도 함께 키우고 있다.

도시의 미래

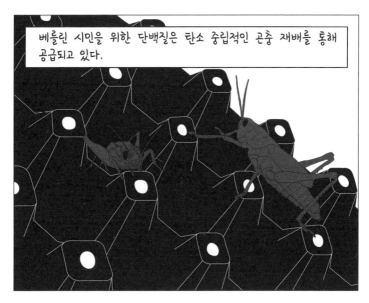

베를린 시민을 위한 단백질은 탄소 중립적인 곤충 재배를 통해 공급되고 있다.

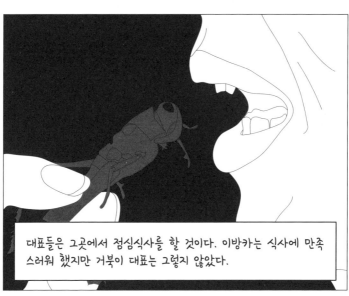

대표들은 그곳에서 점심식사를 할 것이다. 이방카는 식사에 만족스러워 했지만 거북이 대표는 그렇지 않았다.

다음 정거장은 베를린 성Schloß Berlin이다. 도시 간 네트워크에 가입하면서 베를린은 다른 나라에서 수탈한 모든 예술품들을 반환했다. 이 성에는 현재 미래 기술을 개발하는 연구 센터가 있다.

연구의 초점은 인간과 기계의 혼성체에 관한 것이다.

이에 촘크촘크는 큰 관심을 보인다.

복잡한 시스템에 대한 연구도 진행 중이다. 거미가 공간적, 사회적 네트워크를 어떻게 구성하는지에 대한 연구가 대표 사례이다.

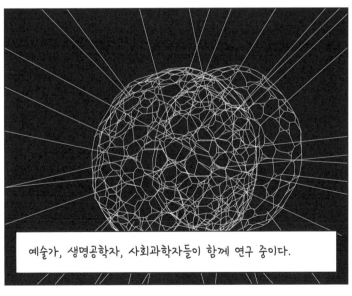

예술가, 생명공학자, 사회과학자들이 함께 연구 중이다.

여러 분야의 창의적 연구자들을 위해, 도심에 새로운 형태의 고층 주택이 들어섰다. 건물 전면에 녹색 식물을 가꾸어 공기를 정화하고 에너지를 생산하며 멋진 외관을 자랑하도록 했다.

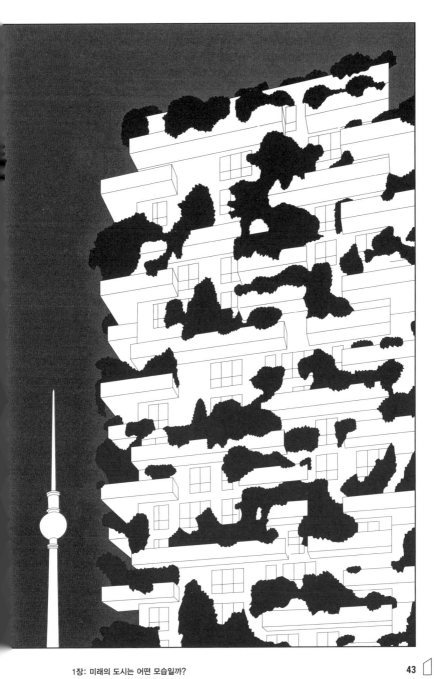

리사가 가장 좋아하는 장소는 템펠호퍼 숲Tempelhofer Feld이다. 이곳은 학업 중단자와 예술가, 창작자들이 사는 곳이다.

도시의 미래

리사는 자연의 한복판이자 도심의 한복판에 위치한 이 나무집에서 자랐다.

템펠호퍼 숲은 새로운 삶의 방식이 실험되는 공간이기 때문에 베를린에서 매우 중요한 곳이다.

도시의 미래

마지막으로, 리사는 대표단을 자유의 상징인 브란덴부르크 문 Brandenburger Tor으로 인도한다. 여기서 리사는 자신의 정치적 전망을 보여준다. 베를린은 국경을 초월해 모든 사람들을 위한, 개방 도시가 되어야 한다.

자유에는 늘, 타인의 자유도 포함된다.

도시의 미래

대표단은 리사의 정책에 대한 전폭적인 지원을 약속했다.

거북이는 베를린에 영원히 머물기로 결심한다.

그리고 다른 이들은 각자의 고향 도시로 돌아갔다.

역무원이 우리를 깨웠다.

우리는 동시에 같은 꿈을 꾸었고, 사실은 그 모든 것이 너무나 단순하다는 것을 깨달았다.

우리는 미래의 도시를 위해 무엇이든 당장 시도해야 한다!

도시의 미래

2장

도시의 미래를 설계하다

미래 도시를
위해

해결해야 할
과제들

도시는 자유와 번영 그리고 성장을 상징하는 공간이며 민주주의의 근원이기도 하다. 많은 사람들이 도시에 매혹되는 것도 이런 이유 때문이다. 하지만 도시에는 인구 밀집과 자연 파괴, 착취의 문제도 도사리고 있다. 미래의 도시가 지속 가능한 사회의 동력이 되려면 이러한 유산들을 넘어서야 할 것이다.

왜 우리는 도시의 미래에 대해 생각해야 할까? 도시에 사는 사람들이 점점 늘어나고 있으며 세계 전체가 빠른 속도로 도시화되는 추세이기 때문이다. 인류의 절반 이상이 이미 도시에 살고 있고, 그 비율은 계속 증가하고 있다. 부유한 서구 국가들의 경우 이미 도시화의 비율이 상당한 수위에 이르렀다. 독일만 하더라도 전 인구의 75퍼센트가 도시에 살고 있다.

따라서 미래에는 전부 혹은 거의 대부분의 사람들이 도시에 사는 일도 가능할 것이다. 여기서 중요한 것은 세계가 '왜' 도시화되고 있느냐가 아니라 '어떻게' 도시화되고 있느냐 하는 것이다. '어떻게'라는 문제는 미래를 만들어가는 데 핵심적인 변수 중 하나이다.

어떻게 하면 더 나은 도시를 디자인할 수 있으며 그 기준은 무엇일까? 도시에서 우리는 어떤 기회와 관점을 얻을 수 있으며, 어떻게 행복하고 성공적이며 균형 잡힌 삶을 그려나갈 수 있을까? 여러 가지 요인에 따라 우리의 선택지가 달라질 수 있다. 또한 현실을 묘사하고 해석하는 철학적 방식에 따라 중점을 두는 요소가 달라질 수도 있다. 다양한 학문적 관점 중 몇 가지 예를 들자면 변호사에게는 정치적 환경이 중요하고 경제학자에게는 경제 질서가, 생태학자에게는 생태학적 환경이, 문화학자들에게는 문화적 배경이 중요한 것이다.

건축가와 도시 개발자가 쓰고 그린 이 책은 더 나은 도시를 디자인하기 위한 관점에서 가능한 여러 가지 접근 방식을 설명한다. 우리는 우리를 둘러싸고 있는 공간과 사물이 우리가 세상과 맺는 관계뿐만 아니라 삶의 기회와 관점에도 커다란 영향을 미친다고 생각한다. 그 근거는 우리가 살고 있는 공간과 그 공간에 배치한 물체들이 우리의 사고방식에 상당히 큰 역할을 하기 때문이다. 따라서 그것들은 근본적인 의미에서 정치적, 사회적 영향력을 갖는다. 사회 구조는 인간의 상호 작용을 추상적인 차원에서 조직하지만, 생활 환경은 인간의 상호 작용을 매우 직접적으로 좌우한다. 도시에 사는 사람들이 점점 더 늘고 있는 현실에서 미래의 도시에서 허용되거나 가능한 공존의 방식이 점점 중요해지고 있는 이유도 여기에 있다. 다시 말해 '우리 모두가 의미 있고 평화로우며 행복한 삶을 살아가려면 어떻게 도시를 디자인해야 할까?'라는 질문과 이어진다.

행복과 번영을 찾아서, 혹은 안정된 삶을 위해 아니면 생존의 기회라도 높이기 위해 전 세계 곳곳에서 사람들이 도시로 이동하고 있다. 동시에 많은 사람들이 도시를 위협적이고 위험한 공간으로 여긴다. 생겨나고 조직되고, 지금까지 수많은 사람이 살아가는 도시는 여러 사회적 갈등을 양산했다. 도시는-적어도 지금까지는-사람이 살기에 최적의 생활 공간이라고 볼 수 없다.

사회적 관점뿐 아니라 도시에 대한 생태학적 관점도 인류의 미래를 위해 매우 중요한 문제이다. 오늘날 전 세계 에너지의 약 75퍼센트가 도시에서 소비되고 있으며, 약 80퍼센트의 탄소가스가 도시에서 배출된다. 그 때문에 도시는 커다란 생태학적 문제가 발

• 세계 인구와 도시 인구 비율의 변동

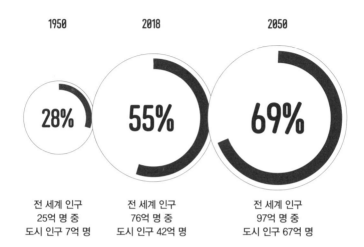

1950
28%
전 세계 인구
25억 명 중
도시 인구 7억 명

2018
55%
전 세계 인구
76억 명 중
도시 인구 42억 명

2050
69%
전 세계 인구
97억 명 중
도시 인구 67억 명

전 세계 도시 인구

• 2018년 전 세계 도시 인구 규모별 분포

12.4%
1,000만 명 이상
도시

7.6%
500만 명에서
1,000만 명 이하
도시

21.4%
100만 명에서
500만 명 이하
도시

9.4%
50만 명에서
100만 명 이하
도시

49.2%
50만 명 이하
도시

• 2018년 대륙별 도시 인구 비율

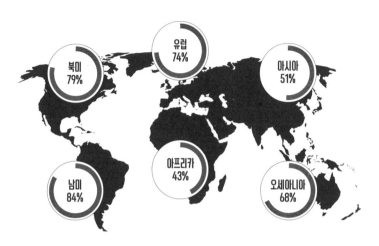

• 2050년 총 대륙별 도시 인구 비율

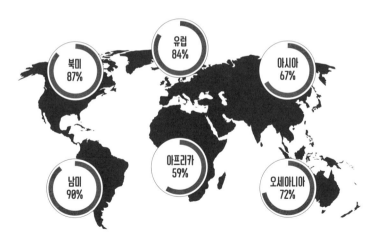

• 2018년 세계 인구 중 각 대륙별 인구 비율

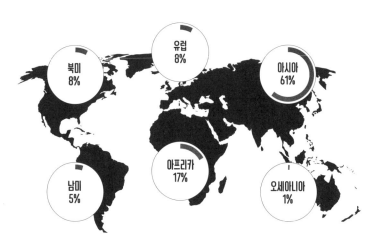

• 2050년 세계 인구 중 각 대륙별 인구 비율

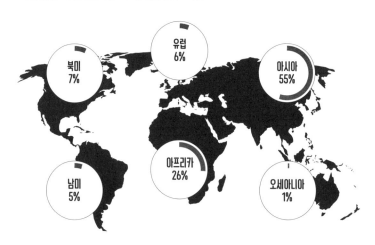

도시의 미래

생되는 곳이기도 하다. 이는 앞으로 기후 중립적이고 쓰레기를 양산하지 않으며 자원을 낭비하지 않는 도시를 어떻게 디자인할 것인가에 대한 질문을 불러일으킨다. 이 질문에 답하기 위해 에너지 절감 건축의 개발이나 새로운 이동 시스템의 시도와 같은 여러 흥미로운 개념과 파일럿 프로젝트가 진행 중이다. 우리는 그 중 일부를 이 책에서 소개하고자 한다.

하지만 아무리 이런 접근 방식이 중요할지라도 우리는 도시를 기술적으로 최적화하는 것만으로는 원하는 목표에 이르지 못한다고 확신한다. 따라서 우리는 훨씬 더 근본적인 관점에서 접근하는 연구 방식을 옹호한다. 이 책은 공간적, 사회적, 문화적 구조로서의 '도시' 자체가 오늘날 우리가 직면하고 있는 수많은 문제의 근원이라고 말하고 있다. 이러한 문제를 해결하기 위해 새로운 도시 디자인이 필요하다면, 기존의 건축을 기술적으로 최적화할 것이 아니라 오히려 근본적으로 도시의 기능과 자아상을 검토해 봐야 할 것이다. 그런 다음에야 비로소 우리가 도시의 변화를 위한 실천 영역을 파악하고 더 나은 미래의 도시 건설을 위한 걸음을 시작할 수 있다.

도시의
새로운

정체성을
정립하다

일반적인 신자유주의 모델에 따르면 도시는 서로 경쟁한다. 도시
는 최고의 노동력과 최고의 자금 능력을 갖춘 투자자들을 위해 서
로 경쟁하는 곳이다. 개발의 논리에 부합하자면 도시는 부유한 고
객들의 마음을 훔칠만한 곳이어야 한다. 가령 대기업을 위해 땅을
값싸게 내준다거나, 세율을 낮게 설정하거나, 까다롭지 않은 환경
요건을 제시한다거나, 아니면 흥미로운 도시 브랜드 정체성을 확
보함으로써 도시는 그 목표를 이루고자 한다. 이 같은 브랜드 정
체성은 미술관이나 박물관, 극장, 콘서트 홀, 오페라 하우스나 뛰
어난 건축물과 같은 문화적 요소와 일상적 삶의 질을 보장하는 스
포츠 시설과 녹지, 야외 및 수변 공간, 술집과 클럽 및 식당 등의
시설 및 유치원과 중고등 교육기관, 대학과 같은 질 높은 교육 환
경의 확보를 통해 이루어진다.

이 같은 전략은 성장을 지향하고 경제적 가치를 증대시키려는 도시 개발 정책에는 적합하다. 단, 이러한 전략은 19세기 말부터 폭발적인 도시 성장을 통해 다양한 문화 환경과 기반시설 및 투자 여건을 갖추고 있으며, 그에 상응하는 유동성 있는 인구를 보유한 도시에만 해당된다. 그러므로 부유한 서구 국가들의 도시의 미래를 생각한다면 삶의 질을 향상시키는 동시에 기후 변화에 적절하게 대비하고 예방하는 데 도움이 될 수 있는 위의 전략들이 바람직하다고 볼 수 있다.

하지만 전 세계의 가난한 지역에 위치한 수백만 개의 도시에 동일한 전략을 적용하는 것은 불가능하다. 전 지구적인 관점에서 지속 가능한 미래를 생각하려면, 이는 이미 작동 중인 기술·사회적 기반을 생태적으로 동결시킨다는 관점과는 다르게 나아가야 한다. 세계적인 맥락에서 도시의 정체성을 생각하려면 좀 더 근본적인 방향에서 시작할 필요가 있다.

도시의 역사를 살펴보자. 1만 5000년에서 1만 년 전 유목민이었던 사냥꾼과 채집꾼들은 식량을 재배하기 위해 정착하기 시작했다. 자신이 가진 땅을 집중적으로 경작했기 때문에 더 이상 먹을 것을 찾기 위해 하루 종일 돌아다닐 필요가 없게 되었다. 게다가 곧 식량이 남아돌면서 죽는 사람보다 태어나고 성장하는 사람

• 2018년 기준 전 세계 살기 좋은 도시 25선

1. 뮌헨	6. 베를린	11. 스톡홀름	16. 암스테르담	21. 싱가포르
2. 도쿄	7. 마드리드	12. 리스본	17. 교토	22. 후쿠오카
3. 빈	8. 함부르크	13. 시드니	18. 뒤셀도르프	23. 오클랜드
4. 취리히	9. 멜버른	14. 홍콩	19. 바르셀로나	24. 브리즈번
5. 코펜하겐	10. 헬싱키	15. 밴쿠버	20. 파리	25. 오슬로

의 수가 더 많아졌다. 인구가 증가함에 따라 기존의 정착지가 좁아지자 사람들이 모여 사는 마을이 형성되며 사람들이 밀접하게 모여 사는 최초의 도시가 탄생했다. 이로써 이전에는 서로 알지 못하던 사람들이 만날 수 있게 되었다. 또 노동의 교환과 배분이 이루어지고 기술과 수공예가 번성하게 되었다.

그 결과 도시들은 서로 간의 네트워크를 통해 연결되며 현재 우리가 '문명'이라고 부르는 것이 형성되었다. 도시 현상인 '문명화'는 종교와 예술을 바탕으로 한 경제 성장, 기술 혁신뿐 아니라 도시를 가리키는 그리스어인 '폴리스Polis'에서 비롯된 정치라는 요소까지 아우른다. 고대 그리스 사람들은 폴리스라는 공간에서 우리의 삶을 잘 꾸려갈 수 있는 방법에 대해 고민했는데 여기서 민주주의에 대한 아이디어가 태동되었다. 도시는 자유를 상징한다중세에서 유래한 '도시의 공기는 당신을 자유롭게 한다(Stadluft macht frei).'라는 문구가 여전히 자유를 약속하고 있다.

하지만 도시는 결코 늘 평화로운 공간은 아니었으며 그것은 도시 정체성의 한 부분이기도 하다. 도시는 광활한 공간이었고 지금도 마찬가지이다. 도시가 펼쳐놓는 그 모든 문화적 화려함, 도시가 내뿜는 에너지와 혁신들, 이 모든 것들은 외부에서 유입되는 에너지와 식량 그리고 사람들에 의존해왔다. 아즈텍의 도시 연합,

근동에 식민지를 세운 바빌론, 지중해 전 지역을 지배한 아테네, 도시로부터 세계 제국을 세운 고대 로마, 르네상스 시대의 이탈리아 도시 등 모든 시대와 문화에 걸쳐 있는 도시를 보라. 통치와 전쟁, 식민지, 이 모든 것들이 도시에서 이루어졌다. 이것들은 도시 정체성의 일부이자 원시코드^{Source Code}이기도 하다.

따라서 오늘날 도시의 미래를 생각하고 그 정체성에 집중하려면 도시의 원시코드를 극복해야 한다. 경쟁이 아니라 협력을 중시하며 확장에 매달리지 않고 서로를 연결하는 데 주의를 돌려야 한다. 주변의 환경을 착취하는 것이 아니라(세계화 시대에는 항상 전 세계가 그 대상이 된다) 균형에 초점을 맞추는 시선이 필요하다. 또한 더 이상 정복과 식민지화에 매몰되지 않고 여러 난제들을 평화적이고, 생산적이며 공존하는 방식으로 해결해 나가야 한다.

하지만 협력과 연결, 공존에는 '개방'이라는 한 가지 전제가 필요하다. 우리에게 익숙하지 않은 것, 우리의 생각 너머에 있는 것, 우리의 상상을 초월하는 것에 대한 열린 태도 말이다. 그러므로 인구 밀도와 기반시설, 녹지 공간 계획, 보안 등과 같은 전통적인 도시 개발 범주에 관한 다음 토론에서 우리는 몇 가지 근본적인 질문을 제기하고자 한다. 우리는 인간에 대해 어떤 그림을 가지고 있는가? 인간은 환경과 어떻게 연결되는가? 인간은 환경의 일부인가 아니면 대등한 관계인가? 우리는 어떤 세계관을 가지고 있는가? 세계는 수많은 우주가 모인 다양한 우주의 집합체인가 아니면 같은 법칙이 적용되는 하나의 우주인가? 또한 우리는 우리의 사고와 상상을 넘어서는 것들을 어떻게 다룰 것인가? 이 모든 것에 대한 질문이 도시의 정체성을 만들어낸다. 개방적 문화는 우리가 상상하는 도시의 미래를 위한 필수 조건이다.

글로벌폴리스,
미래 도시의 대안

우리는 미래의 도시를 세계적이며 네트워크화되고 인구 밀도가 높지만, 그 자체로 다양하고 활력 넘치는 공간으로 상상한다. 이를 우리는 '글로벌폴리스'라고 부른다. 이 미래 도시의 모습은 우리가 교과서를 통해 알고 있는 지구의 이미지와 일치하지 않는다. 교과서 속 지구는 대부분이 물로 덮여 있는 구체로 보인다. 그 중간중간에는 사막, 산, 숲으로 이루어진 대륙들이 있다. 또한 다양한 도시들이 흩어져 있는데 그것들은 드넓고 자유로운 공간 속에서 거의 보이지 않는 점들과도 같다. 하지만 이러한 도시 이미지는 중세 시대나 근대 초기의 세계와 더 일치하는 것으로 미래는 말할 것도 없고 현재의 많은 부분과도 맞지 않는다. 가령 거대 도시 지역을 확대해보면 그곳의 표면은 조밀한 주거지가 카펫처럼 펼쳐져 있으며 그 안에는 농업과 임업의 영역이 상대적으로 개별적이고도 작게 흩어져 있는 것을 볼 수 있다.

지구의 표면은 인간과 그들의 도시적 주거 문화에 의해 그 형태가 변형되었다. 얼핏 빈 것처럼 보이는 공간도 서로 다른 도심을 연결하는 도로 교통망으로 인해 연결되어 있다. 이러한 구조는 점점 더 확장되어 지구 표면을 더 많이 덮을 것이고 결국에는 대륙뿐 아니라 해양의 표면까지 뒤덮어 전 세계적인 거주지 네트워크를 만들어낼 것이다.

독자들은 그러한 글로벌폴리스가 유토피아일지 디스토피아일지, 바람직한 미래상일지 혹은 공포의 시나리오일지 궁금할 것이다. 답은 간단하면서도 복잡하다. 두 가지 모두 정답이 아니다. 둘 모두 그저 하나의 가능성일 뿐이다. 다소 과장된 것일 수도 있지만 세계적으로 인구가 증가하고 있는 배경을 염두에 두면 도시들 사이의 동반성장은 불가피하다. 이것을 우리는 이미 중국의 사례를 통해 경험한 바 있다.

우리는 또 다른 이유로 글로벌폴리스라는 용어를 사용한다. 이 글로벌폴리스라는 단어에는 도시의 순수한 물리적 합병과는 매우 다른 유토피아적인 의미가 담겨있다. 글로벌폴리스라는 용어는 도시 네트워크가 전 세계를 뒤덮을 뿐만 아니라, 이러한 주거 공간 구조가 정치적 조직 단위가 되어야 한다는 것을 의미하기 때문이다. 여기서 국가 영토, 정부와 같은 기존 형태의 조직은 불필

• 인간에 의해 증가한 지구 해빙 표면의 비율

• 지구상의 인구 분포

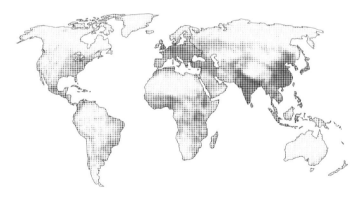

⬜ 낮은 인구 밀도(제곱킬로미터당 10명 이하)
▦ 높은 인구 밀도(제곱킬로미터당 500명 이상)

• 루르 지방 인구 밀도를 76억 인구에게 적용했을 때 필요한 공간

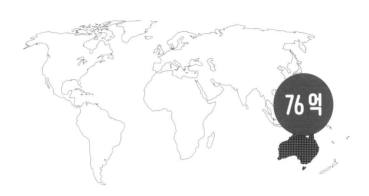

• 독일의 인구 밀도를 97억 인구에게 적용했을 때 필요한 공간

요해진다. 미래의 도시를 생각할 때 우리는 단지 녹지와 열린 공간, 새롭고 환경친화적인 이동 시스템의 확산뿐만 아니라 스스로의 운명을 민주적으로 결정할 수 있는 중앙 정치 조직으로서의 도시를 떠올린다.

우리가 원하는 글로벌폴리스가 실현 가능해지면 적어도 기존의 지배 구조로부터 자유롭기를 바란다. 그렇게 되면 사람들 사이의 갈등을 주민 스스로 해결하고 함께 올바른 결정을 내릴 것이다. 또한 도시는 일상 속에서 평등이 실천되고 발전되는 공간이기도 하다. 경직된 사고에 매달리지 않고, 동물처럼 자기 목소리를 내지 못하는 존재도 포함하여 상황에 맞는 새로운 협상과정을 끊임없이 전개하는 곳이다. 따라서 우리의 관점에서 도시는 디스토피아이기보다는 바람직한 미래에 가깝다.

미래의 이상적 도시에 대해 우리가 은유적으로 참고할 수 있는 모델이 있으니 바로 그리스의 '폴리스'이다. 고대 그리스에서는 '폴리스'라는 용어 안에 도시와 국가가 하나가 되었다. 간단히 말해 도시는 사회의 중심적인 조직 모델이었다. 이 도시는 중세 시대와 르네상스 시대의 중요한 조직 단위였다. 한자동맹(Hanseatic League, 13~15세기에 독일 북부·발트해 연안 도시 사이에 이뤄진 도시 연맹)과 같이 도시들은 상품을 교환하고, 공동으로 자신들의 이익을 대변하고, 안전을 확보하기 위해 도시 간 네트워크를 조직했다.

그러나 오늘날의 도시는 국가적 영토의 대안이 되기에는 너무나도 거리가 멀다. 상대적으로 젊은 조직 형태인 국가는 영토의 한계로 인해 수많은 세계적인 문제를 해결하기에는 역부족이다. 국제연합^{UN}과 같은 초국가적 정치 기구가 있긴 하지만 궁극적으로 세계적인 문제를 해결하기 위한 충분한 의사결정 능력을 갖췄다고 볼 수 없다. 간단히 말하자면 영토 국가는 너무 크거나 동시에 너무 작다. 그 결과 이 세상은 해결되지 않는 세계적, 지역적 문제로 가득하다.

국가라는 조직상의 결함과는 별도로 문화적 변화로 인해 국가 혹은 민족 국가라는 관념은 막을 내리고 있다. 이민과 혼합된 문화 정체성, 일상에 깊숙이 스며든 세계주의는 근대에 형성된 국적의 개념이 시대에 뒤떨어진 것이라는 것을 보여주고 있다.

국가의
역할을
대체하다

우리가 마주하게 될 미래의 도시 개념은 전통적인 도시의 개념과는 전혀 다르다. 국가의 개념과는 대비될 뿐만 아니라 앞서 언급한 식민적 성격에도 불구하고 도시는 공동체와 정체성을 위한 개방적인 형태를 제공한다. 도시는 여러 해결책이 발전되는 역동적이고도 창의적인 공간이다. 정치 행정 차원뿐만 아니라 시민 사회 차원에서도 조직될 수 있는 도시는 시민들이 주도하는 상향식 프로젝트를 통해서도 그 모습을 만들어갈 수 있다. 우리 사회를 지속 가능하게 만들기 위해 이러한 도시의 역량이 지닌 가치는 크다.

물론 도시마다 가지고 있는 문제는 다르다. 전 세계적으로 유명 도시나 대도시들은 교통이나 이주, 기후 변화 또는 탄력성 등 구체적 문제나 그 해결 방식이 중소도시나 시골 지역과는 다를 수밖에 없다. 그간 어떤 도시들은 이러한 문제들을 함께 다루기 위해 국제 네트워크에 참여하거나 국가가 이런 문제들을 재고하도록 설득하기도 했다. 90개 이상의 도시가 활동하고 있는 'C40(211쪽)' 네트워크나 '시장 서약Covenant of Mayors(231쪽)'을 통해 이들은 공동으로 국가들에 기후 협정을 이행할 것을 촉구하기도 한다. 유럽의 14개 도시는 난민 수용과 통합의 문제에서 더 큰 발언권을 얻고 각자의 경험을 교환하기 위해 '연대 도시Solidarity Cities(255쪽)' 네트워크에 함께 가입했다. 우리가 상상한 글로벌폴리스는 기존의 국가 질서를 대체하는 도시 네트워크 시스템이다. 글로벌폴리스 개념은 자급자족하는 실체를 넘어 서로 다른 형태의 집단이 공통의 전략을 추구하고 경험과 기술을 공유하는 네트워크이다.

도시 개발의 역사를 보면 다양한 도시 유형이 등장했다. 예를 들어 밀집한 주택단지에 기반을 둔 유럽 도시와 미국의 도심가, 소련의 레이온(Rayon, 과거 소련을 구성했던 국가에서 사용되고 있는 행정 구역 단위), 아랍의 카스바(Kasbah, 이슬람식 도시나 성채-역), 중국의 후통(胡同, 베이징 성내에 산재한 좁은 골목길) 등이 있다. 식민지화 과정에서 제2차 세계대전 이후로 유럽 도시의 형태가 미국 혹은 소비에트의 모델로서 확산되었다. 오늘날에는 기존 도시의 각기 다른 인구 밀도나 크기에 대한 요구 사항을 반영하여 각 도시의 정체성을 훼손하지 않으면서 기후나 지질 조건과 같은 지역 요선을 고려한다. 이는 아시아 지역이나 아랍 지역에 건설된 새로운 첨단 도시에도 적용된다.

도시 유형에 대한 진단은 도시의 구조뿐만 아니라 건축, 평면도, 재료에도 영향을 미친다. 콘크리트 혹은 철근콘크리트로 이루어진 기존의 건설 방식은 에너지 집약적이고, 다량의 탄소가 발생하며, 자원 부족을 초래한다. 평균적으로 인구 한 명 당 1세제곱미터의 콘크리트가 생산되는데 이를 위해서는 엄청난 양의 에너지가 필요하다. 콘크리트 생산에 전 세계 탄소 배출량의 약 5퍼센트가 발생하며 모래 채취를 위해 해변과 섬들이 통째로 사라지기도 한다. 이러한 자원들을 지속적으로 사용하는 것은 불가능한 일이다. 따라서 미래의 도시는 물질적 선순환을 이루도록 구성되어야 한다. 글로벌폴리스는 환경과 착취적인 관계를 맺을 수 없기 때문이다.

새로운
세상을 위한
비전

글로벌폴리스는 도시에 대한 비전이자 사회적 비전이기도 하다. 글로벌폴리스는 서로 다른 역사와 미래를 가진 도시 유형을 통합하고 삶에 대한 여러 다른 시각들을 엮어낸다. 그리하여 우리는 매우 상이한 도시들의 네트워크가 전 세계를 뒤덮는 미래를 상상한다. 우리는 글로벌폴리스가 이전의 정부 조직 형태를 대체할 것이라고 생각한다. 국가가 없는 세상에서는 민족주의가 더는 중요하지 않을 것이다. 이 새로운 세상에서는 우리 모두 존중받고 인정받으며 인종, 문화, 종교, 성별, 성 정체성과 지향성이 다르더라도 각자의 다양한 방식에 따라 살아가게 된다.

글로벌폴리스가 어떻게 정치적으로 구성되고 공간적으로 구현될지는 여전히 해결해야 할 숙제이다. 이와 관련해서는 많은 질문들이 존재한다. 이것은 단지 어떤 형태의 정치 조직을 글로벌폴리스가 갖게 될 것인가의 문제를 넘어 에너지와 식량, 자원 관리에 대한 문제와 연결되기도 한다. 경제적 형태나 자연에 대한 이해 그리고 인간에 대한 이미지, 미학적 가치와 라이프스타일도 그에 포함된다.

그러므로 우리가 예측한 것과 매우 상이한 형태의 글로벌폴리스도 상상할 수 있다. 현대 자본주의의 논리에서 글로벌폴리스가 생겨난다면 보나마나 파괴적인 거대한 괴물이 될 것이다. 하지만 좀 더 낙관적인 방향으로 바라보기로 하자. 좋건 싫건 간에 글로벌폴리스에는 흥미진진한 발전 가능성이 있다고 믿는다. 살아갈 가치가 있는 세계로서 말이다. 지구를 가로질러 형성된 이 글로벌폴리스가 어떤 형태로 구현될지 또 우리는 그 속에서 어떻게 살아갈지의 열쇠를 지닌 것은 바로 우리 자신들이다. 또한 지금 여기서 우리가 만들어가는 도시가 미래의 도시 모습에 커다란 영향을 미칠 것이다.

어떻게
도시를

만들어갈
것인가?

이 책을 통해 미래의 글로벌폴리스에 대해 생각해보길 바란다. 현재의 도시를 어떻게 발전시켜야 가치 있는 미래를 열 수 있을지도 함께 생각해보자.

최근 몇 년간 핵심적으로 언급된 단어 중 하나는 '와해성 혁신 (Disruptive Innovation, 전통적 기대와 전혀 다른 상품, 기술이 기존 시장에서 우위를 점하는 혁신)'이었다. 이 개념에 따르면 개발은 비약적으로 일어나기 때문에 예측할 수 없다. 이는 한편으로는 어떤 미래 계획도 쓸모없게 만들고, 다른 한편으로는 어떠한 상상도 가능하게 한다. 만약 개발이 와해 상태에 처한다면 오늘날에는 불가능해 보이는 것이 곧 가능해지거나 심지어 당연하게 여겨질 수도 있기 때문이다. 그러나 미래의 와해성 혁신을 상상하는 것은 매혹적이긴 하지만 이 또한 하나의 상상에 불과하다. 그보다는 지금 있는 자리에서 좀 더 전향적 접근 방식으로 사고하는 것이 훨씬 더 효과적일 것이다. 그러므로 미래 사회와 관련하여 우리는 우선 현재의 질문과 문제들, 골치 아픈 상황을 들여다보고 확인해야 한다.

두 번째로 이러한 결함은 현재에 완전히 해결될 수 있는 것은 아니지만 적어도 개선하려 노력할 수는 있다. 우리는 미래의 투기적 와해성 개발에 문제 해결을 맡기는 것에 (가령 '핵융합이 우리의 에너지 문제를 해결할 것이다'라는 전망) 의심스러운 눈길을 보내고 있다. 그 뿐만이 아니다. 이러한 관점은 성급하게 문제를 해결하려다가 오히려 문제가 더욱 깊숙이 뿌리내리게 만든다. 바로 그런 이유로 우리는 기존의 방식을 유지하면서도 소소하지만 끊임없이 보완하고, 예기치 않은 상황에 대한 개방성도 잃지 않는 지속적인 변화 방식에 더 큰 신뢰를 보낸다. 우리가 추구하는 접근법에는 미래에 대한 상상력을 발전시키는 것도 포함된다. 생산적인 변화를 일구어 나가려면 일단 미래에 대한 긍정적인 이미지를 개발해야 한다. 그리고 난 후에야 그에 필요한 조절 능력과 실천 영역을 파악하고 현실에 맞게 적용할 수 있다. 이러한 방식으로 미래에 대한 밑그림과 현실의 차이를 통해 실질적인 변화 목표를 도출하고 실험 영역을 개발할 수 있다.

변혁에 대한 사고방식은 예술적이고 과학적이며 동시에 다른 지식문화들을 생산적으로 연결시키는 복합적인 것이어야 한다. 도시에 대한 우리의 작업은 과학적인 동시에 자유롭고 예술적인 사고와 디자인 프로세스에도 기반을 두고 있다. 때문에 일종의 예술적 연구라고도 할 수 있다. 예술적 연구의 이념을 넘어 정치·사회적 이념을 구현시키고자 하는 이 비전은 건축과 도시 디자인에도 그 맥이 닿아 있다. 즉 미래의 비전을 가능한 빨리 현실에서 구현해야 한다는 것이다.

우리 사고의 세 번째 원천은 도시 변혁의 역사를 다루는 것인데 그것은 유토피아 개념과 도시의 성장을 전제로 실현되어온 과거의 프로젝트에 대한 것이다. 우리의 도시에 대한 개념은 인간은 그가 살고 성장해온 세상에 의해서 형성된다는 것인데 우리의 경우 유럽과 독일, 특히 베를린이라는 도시가 그 중심에 있다. 그러므로 베를린은 우리의 도시 비전의 출발점과 소멸점이기도 하다.

이러한 접근법에 대해 이해하기 쉽도록 이 책은 서로 관련된 여섯 개의 장으로 구성되어 있다. 1장에서는 우리가 현재 살고 있고, 잘 알고 있는 도시인 베를린의 비전을 글로벌폴리스의 일부로 제시했다. 현재 독자 여러분들이 읽고 있는 2장에서는 도시와 도시 개발에 대한 우리의 기본적인 생각뿐만 아니라 작업 방법에 대해서도 개략적으로 설명한다. 다음 3장에서는 현재의 도시 연구 담론에서 비롯되는 실천 분야와 미래 비전에 결정적인 역할을 한 분야를 설명하려 한다. 이 장은 오늘날 도시가 어떻게 다가올 미래에 대비할 수 있는지를 보여주기 위한 것으로, 바람직하고 불가피하며 필수적인 요소들을 가능한 상식적으로 제시하고자 한다. 우리가 중요하게 여기는 것은 어떤 구체적인 행동지침(그야말로 오만한 것이 아닌가!)을 내리는 대신 가능성을 제시하고 창조적인 실험을 격려하는 것이다. 인간의 사고는 자신의 뿌리와 사회적 배경 하에서 형성되는 것이므로 4장에서는 도시에 대한 우리 상상력의 가공되지 않은 측면을 드러내고자 한다. 이것들은 낙관적인 도시 비전의 다른 측면이므로 이 책에서 빠져서는 안 될 부분이다. 또한 글로벌폴리스라는 도시 모델이 어떻게 더 심화된 영역에서 고려될 수 있는지 보여주기 위해 5장에서는 우리와 다른 배경을 가진 세 동료의 관점을 포함시키기로 했다. 세 개의 인터뷰를 통해 우리는 관점을 바꾸고, 우리의 생각을 공유하고, 우리의 비전에 대한 비판을 마주한다. 6장에서는 본문에 참조한 모든 프로젝트에 대한 설명과 필요한 부분을 사진 자료와 함께 정리했다.

이 책의 취지는 다음과 같이 요약할 수 있겠다. 오늘날 전 세계 문화에서 사회가 집약되는 생활 공간은 대도시다. 도시 네트워크는 지구 전체를 덮을 때까지 그 크기와 밀도, 수가 지속적으로 증가할 것이다. 이 글로벌한 도시들이 불쑥 하늘에서 떨어진 것도, 발전의 종착점인 것도 아니며 단지 수 세기, 수천 년에 걸친 전 세계 도시 발전사의 한 과정인 것처럼 말이다. 문화적, 경제적, 공간적 구조인 '도시'는 오늘날 우리 세계가 직면하고 있는 많은 문제들의 원인은 아닐지라도 정점이라고 볼 수 있다. 이제 도시를 살아가는 우리들에게 도시에 대해 근본적으로 생각해 볼 때가 왔다.

미래 도시를 완성하는 11가지 키워드

커져가는 도시,
몰려드는 사람들
_인구 밀도

세계의 인구는 증가하고 도시로 이동하고 있다. 현재 도시의 공간이 한정되어 있으므로 미래의 도시는 면적뿐 아니라 밀도도 높아질 것이다. 높아진 인구 밀도에 대처하기 위해서는 어떤 형태의 공간이 적절한지를 찾아야 할 것이다.

미래 도시를 위한 디자인은 지금 여기서 시작된다. 이제 우리는 도시를 구성하는 요소들이 서로를 보완하고 강화할 수 있는 몇 가지 실천 분야를 보여주고자 한다. 일단 우리는 도시의 밀도, 즉 도시의 구조에서부터 출발하려 한다. 거기서부터 우리는 도시의 기반시설과 이동 방식, 생태계와 자원 활용에 대해 살펴보려고 한다. 그런 다음 도시의 미학이라는 최종적인 결론에 도달하기 위해 얼핏 보기에 디자인적 측면에서는 접근하기 어려워 보이는 일과 주거, 자산과 안전 그리고 참여와 같은 도시와 관련된 주제에 대해서도 다룰 것이다.

도시 개발의 핵심 질문 중 하나는 다음과 같다. 도시는 얼마나 커질 수 있을까? 인간의 존엄성을 잃지 않는 수준에서 도시가 수용할 수 있는 인구 규모는 어느 정도인가? 도시화는 사람들이 농촌에서 도시로 이주한 결과인데 농촌 사람들은 더 나은 생활 환경을 찾기 위해 도시로 이동한다. 지난 200년간의 도시 발전을 살펴보면 공간의 크기와 인구 모두 지속적으로 성장하고 있다는 것을 알 수 있다.

도시는 특히 주요 산업화 현상이 분출되던 시대에 폭발적으로 성장하게 되었다. 1830년경 런던의 인구는 180만 명 미만이었는데 90년이 지난 현재는 700만 명이 넘었다. 당시 런던은 뉴욕으로 대체되기 전까지 세계에서 가장 큰 도시로 여겨졌다. 또 다른 예로 베를린을 살펴보자. 1845년 베를린에는 약 40만 명의 인구가 살았지만 1905년에는 그 수가 거의 200만 명을 넘어섰다. 유럽의 경우 도시가 급격하게 성장한 시기는 19세기 후반이었으며 미국에서는 19세기 후반에서 20세기 초에 걸쳐 도시화가 이루어졌고, 중국의 도시화는 1980년대에 시작되었다. 베이징은 1800년대에 이미 100만 명 이상이 살았던 세계에서 가장 큰 도시 중하나였다. 하지만 1988년과 2018년 사이에는 인구가 약 650만 명에서 거의 2,000만 명으로 급증했다. 게다가 인구 증가는 아직도 끝나지 않은 추세이다. 중국은 현재 베이징을 비롯하여 톈진과 후베이 지역을 잇는 징진지 프로젝트(京津冀 Project, 베이징, 톈진, 후베이 세 지역을 묶어 메갈로폴리스를 육성하려는 프로젝트)를 통해 최대 1억 3,000만 명의 시민이 사는 거대 도시 지역을 조성할 계획이다.

세계적인 인구 추세를 고려할 때 도시화는 아직 끝나지 않았다. 국제 연합은 2050년까지 세계 인구의 3분의 2가 거대 도시에서 거주하게 될 것이라고 추정한다. 하지만 도시의 성장에 대한 예측은 속도와 규모면에서 계속 차이를 보이고 있다. 베를린에서는 현재 370만의 인구가 살고 있고 2030년까지 거의 400만 명으로 증가할 것으로 예상되지만, 탄자니아의 다르에스살람^{Dar es Salaam}에 거주하는 인구는 같은 기간 500만 명에서 1,000만 명까지 두 배로 증가할 가능성이 높다. 인구가 10만 명에서 50만 명 사이인 유럽 대도시의 변화 가능성은 인구가 200만에서 500만 명을 차지하는 아시아나 아프리카 도시들과는 매우 다를 수밖에 없다. 하지만 이는 지금까지의 개발 추세가 유지되고 이주가 계속적으로 제한되는 경우에만 해당된다.

도시의 규모나 인구수는 도시의 특성과는 아무런 상관이 없다.

유럽의 도시는 시골 지역과 대조적으로 정의되는데 그 결과 단순한 그림이 형성된다. 즉 도시가 클수록 농촌 지역 혹은 자연 지역이 더 멀어지는 것이다. 하지만 이 모양에는 속임수가 있다. 큰 도시는 여러 작은 도시들이 점점이 모여 이루어진 것일 수도 있기 때문이다. 가령 베를린을 보자. 베를린은 하나의 중심에서 성장한 것이 아니라 다핵적인 구조를 가지고 있다. 샬로텐부르크Charlottenburg 와 슈판다우Spandau, 릭스도르프Rixdorf 같은 지역은 19세기 후반 도시 성장기에 성장한 독립 도시나 마을이었고 어떤 경우에는 고작 100년 전에 베를린이라는 대도시에 통합되었다. 확장을 통한 이러한 도시화 과정은 현대에도 여러 지역에서 나타난다.

그러므로 도시의 본질적인 특성은 면적이나 인구수가 아니라 '밀도'에 있다는 것이다. 도시의 인구 밀도는 전 세계적으로 다르며 도시의 크기와 이용 가능한 공간에 따라 달라진다. 파리의 도심은 비교적 좁고 빽빽한 건물들로 채워져 있으며 인구 밀도는 제곱킬로미터당 2만 명 이상이고 맨해튼은 2만 7,000명이 넘는다. 반면 뉴욕은 좀 더 느슨한 파리 지역과 마찬가지로 제곱킬로미터당 인구가 약 1만 명에 불과하다.

삼림지역과 수역을 포함하는 베를린에는 제곱킬로미터당 약 4,000명의 시민이 거주하고 있으며 일부 도심 지역의 인구 밀도는 제곱킬로미터당 1만 명이 넘는다. 다카나 뭄바이와 같은 대도

• 인구 1,000만 명 이상이 밀집된 도시(■ 2018/■ 2035)

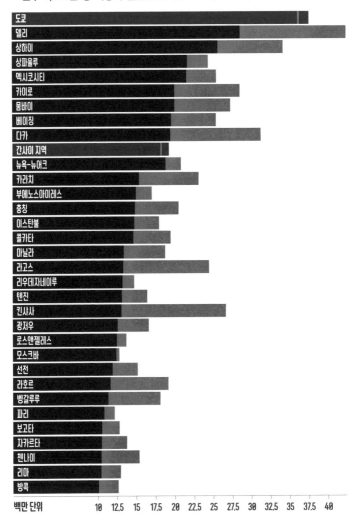

도쿄	
델리	
상하이	
상파울루	
멕시코시티	
카이로	
뭄바이	
베이징	
다카	
간사이 지역	
뉴욕-뉴어크	
카라치	
부에노스아이레스	
충칭	
이스탄불	
콜카타	
마닐라	
라고스	
리우데자네이루	
톈진	
킨샤사	
광저우	
로스앤젤레스	
모스크바	
선전	
라호르	
벵갈루루	
파리	
보고타	
자카르타	
첸나이	
리마	
방콕	

백만 단위   10   12.5   15   17.5   20   22.5   25   27.5   30   32.5   35   37.5   40

3장: 미래 도시를 완성하는 11가지 키워드

• 세계에서 가장 밀도가 높은 10개 도시의 제곱킬로미터당 인구 밀도

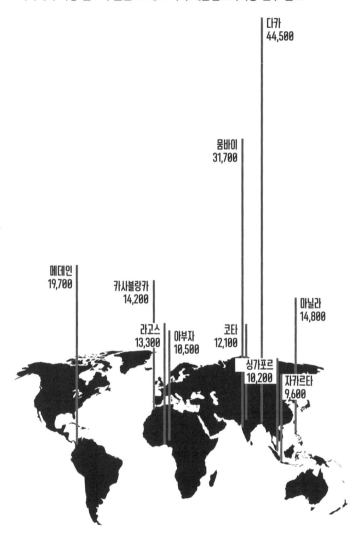

다카
44,500

뭄바이
31,700

메데인
19,700

카사블랑카
14,200

라고스
13,300

아부자
10,500

코타
12,100

마닐라
14,800

싱가포르
10,200

자카르타
9,600

시는 그보다 인구 밀도가 더 높으며 제곱킬로미터당 3만 명에서 4만 명이 거주하고 있다. 하지만 이 같은 인구 밀도는 건물의 밀도와는 상관관계가 없다. 왜냐하면 도시의 모든 사람들이 같은 면적의 생활 공간을 차지하고 살지는 않기 때문이다. 베를린에서는 1인당 평균 생활 공간이 40제곱미터 정도인 반면, 도쿄 주민은 일인당 평균 15제곱미터 정도 크기의 공간에서 살고 있다.

밀도는 인구뿐만 아니라 개발의 정도나 교통 혹은 기능을 의미하기도 하므로 상당히 다중적인 의미를 가진 용어이다. 서로 다른 차원으로 분리된 것이 아니라 상호 의존적으로 공존하고 있다. 전 세계 도시를 살펴보면 지리·역사적 요소가 인구 밀도에 영향을 준다는 것을 알 수 있다. 또한 정치·경제적 요소로 인해 사용할 수 없는 공간을 제외한 지역에 일정 인구가 밀집되어야만 비로소 도시의 성장이 가능해진다. 사람들이 도시에 얼마나 밀집되어 있는지, 얼마나 많은 공간이 필요한지, 그리고 건물이 어떤 형태로 지어지는지는 여러 지역마다 차이가 있다. 예를 들어 온대지역에서는 건물들을 서로 가까이 배치하여 난방을 많이 하지 않고도 효율적인 단열이 되도록 한다.

또한 계획된 도시 가이드라인도 큰 영향을 미친다. 가령 1950년대 서구 산업국가들의 경우 산업화된 밀집 도시를 거부하는 계획이나 자동차의 확산, 구조화되고 느슨한 도시의 모델이 각 도시들의 밀도를 감소시키는 데 큰 영향을 미쳤다. 그러다 1990년대부터는 '밀집을 통한 도시화'라는 전략적 전환이 일어나면서 인구 밀도가 높은 도시가 재조명되었다. 1950년대에 각광받았던, 주로 자동차 친화적이었던 '구조화되고 느슨해진 도시'가 이제는 실패한 모델로 간주된다. '밀집을 통한 도시'라는 개념은 현대에 와서는 인간적 차원에 대한 고려와 연결된다. 과거에는 교통수단으로 오로지 차량만을 중심에 두었다면 오늘날에는 자전거 이용자와 보행자가 다시 고려되고 있으며, 도시 공간에 머물 때의 삶의 질에 초점이 맞춰지고 있다.

인구 밀도는 도시의 필수적인 특성이다. 이로 인해 흥미로운 도시의 삶이 가능해지기 때문이다. 즉 밀도를 통해 차이와 다양성, 이질적인 것들의 조우가 가능해진다. 또한 인구 밀도는 예상치 못한 만남을 가능케 한다. 낯선 사람, 낯선 것과의 만남은 새로운 일을 만들어낸다.

그렇다면 글로벌폴리스와 관련된 인구 밀도의 개념은 어떨까? 인구 밀도는 높겠지만 상대적으로 건물 밀도를 낮추고 녹지와 개방 공간이 확보돼야 한다. 새로운 형태의 주택 건설은 작은 공간을 활용한 공동체 문화를 촉진시킬 것이다. 우리의 이러한 아이디어는 뒤에서 좀 더 심도 있게 다룰 예정이다. 또한 친환경과 공공,

사회적 용도를 위해 개인 전용의 이동수단(이라고 쓰고 자동차라고 읽는다)이 점유하고 있는 공간을 도시가 되찾는 것이 중요하다.

요약하자면 인구가 증가한 미래 도시는 공간이 부족할 수밖에 없으므로 인구 밀도가 높을 것이고 생태학적, 경제적 관점에서 그 가치가 올라갈 것이다. 베를린의 경우 아주 간단한 해결책이 있다. 이 도시는 블록 가장자리 건물^{Blockrandbebauung}이 특징이다. 19세기에는 블록의 경계를 채우는 형태의 건물이 전형이었다. 여기에 건물의 층을 추가함으로써 기존 건물의 밀도를 높일 수 있고, 동시에 옥상을 새로운 공공 공간으로 개방할 수 있다.

도시를 더
가치 있는
공간으로
_기반시설

기반시설은 도시의 중추이다. 이것들은 사람들이 밀집된 공간에서 함께 살 수 있도록 조직하는 기능을 가지고 있으며 사회가 더욱 발전할 수 있도록 한다.

도시가 제대로 기능을 하려면 필수적인 것이 양질의 기반시설이다. 인구 고밀도는 좋은 기반시설을 필요로 하고 그에 들어가는 비용을 정당화한다. 기반시설에는 교통 체계부터 교육 보건 체계, 접근 가능한 학교와 병원, 통신 및 공급 체계, 하수 시스템과 식수 공급 시스템, 전기 공급 장치, 인터넷 및 전화 기반시설 등이 포함된다. 20세기 후반에 이르러 유럽의 부유한 도시의 시민들에게는 이러한 기반시설이 당연하게 받아들여졌다. 하지만 전 세계의 모든 도시들이 이러한 기반시설을 전 인구에게 공급하는 것은 아니며 유럽의 열악한 지역의 위치한 도시에서도 이와 관련된 문제가 지속적으로 제기되고 있다.

병원과 하수 시스템, 학교와 전력 공급은 지난 150년 동안 대부분의 도시에 구축된 공통의 기술 및 사회 기반시설이다. 동시에 이것들은 미래의 우리에게 도전 과제를 안겨주는 문제이기도 하다. 이러한 기반시설은 서구 도시에서는 두 가지의 큰 흐름에 의해 형성되어 있다. 19세기 말부터 제1차 세계대전 사이에 공공 이동수단과 하수도, 전기 시설이 구축되었고, 제2차 세계대전 이후 고속도로와 공항, 통신 시설이 만들어졌다. 근대화가 이뤄진 두 흐름은 이처럼 강력한 경제적 성장과 사회정치적 목표 달성을 위한 도구로써 설립되었다.

미래의 도시에는 현재 논의되고 있는 e-모빌리티 충전소나 자율주행에 필요한 센서 네트워크와 같은 새로운 기반시설뿐만 아니라 사회정치적 목표도 함께 필요하다. 현재 '스마트 시티'의 개념과 이에 필요한 센서 및 제어 장치에 대한 담론은 미래의 기반시설에 대한 밑그림을 제공한다. 하지만 스마트 시티라는 주제는 우리가 제시한 개방성이라는 이상에 반대되는 감시와 통제, 규율의 가능성도 품고 있기 때문에 이 같은 기반시설이 어떤 종류의 사회에 적합한지에 대한 질문에는 아직 뚜렷한 해답이 없다.

우리는 기반시설이 가치중립적이지 않다고 확신한다. 기반시설을 구축하는 것은 높은 비용을 필요로 하고 의존적인 특성이 있다. 따라서 기반 시설을 설립한 조직의 사회정치적 개념을 구현하고 개발의 방식을 확립하는 역할을 할 수 있기 때문이다.

1960년대의 급진적인 건축가들의 요구 중 하나는 세드릭 프라이스^{Cedric Price}의 '펀 팰리스^{Fun Palace}(222쪽)'와 같이 사람들의 요구에 적응하고 변화할 수 있는 유연한 기반시설을 설계하는 것이었다. 여기서 무엇을 도출할 수 있을까? 지속 가능한 사회를 위해 어떤 기반시설이 필요한지, 새로운 기반시설은 우리 사회의 모습을 어떻게 새롭게 만들지에 대한 사회적 논의가 필요하다는 것을 알 수 있다. 미래 도시를 위해 우리는 이미 엄청난 투자를 해왔으며 어떤 경우에는 완전히 새로운 기반시설을 투자하기도 했다. 여기에는 현재의 평생 교육뿐만 아니라 지능형 이동수단에 필요한 기술 기반시설도 포함된다. 미래 도시에서 중요하게 여겨지는 기반시설 중에는 공공 공간도 포함된다. 대표적인 예로 마드리드의 '엘 캄포 데 세바다^{El Campo de Cebada}(215쪽)'가 있다. 공공 공간이 중요한 이유는 전 세계적 이동의 자유를 특징으로 하는 다양한 사회를 위해서는 일상생활의 여러 요소들을 공유하기 위한 소통과 교류의 장소가 필요하기 때문이다.

가난할수록
도시에 가까워질 수
없는 이유
_이동성

이동성을 확보하는 것은 도시의 필수적인 특성이다. 도시 이동성은 공간과 사회적 차원을 포괄한다. 이 두 분야에서는 커다란 변화가 임박해 있다. 미래의 도시는 개별화된 동력 기반 교통수단에서 벗어나 효과적인 사회적 이동성까지 약속하고 있다.

'이동성'에 대해 이야기할 때 많은 사람들은 A에서 B로 이동하는 물리적 이동을 떠올린다. 하지만 미래 도시에 대한 우리의 사고 체계에서는 이동성에 대한 또 다른 접근 방식, 즉 '사회적 이동성'이 훨씬 더 중요하다. 사회적 이동성은 자신의 생활 수준을 향상시킬 수 있다는 것을 의미한다. 전 세계적으로 많은 사람들이 도시로 이주하는 중요한 이유는 도시가 사회적 상승을 약속하기 때문이다.

이 약속을 이행하기 위한 전제조건 중 하나는 '공간 이동성'이다. 합리적인 시간 내에 저렴한 비용으로 판매 장소에 상품을 이동시키거나 일터로 노동자들을 데려올 수 있어야 한다. 그러므로 좋은 교통 기반시설은 사람과 물류가 공간적, 사회적으로 자유롭게 이동하기 위한 전제조건이다. 하지만 여전히 세계의 많은 지역들, 특히 멕시코와 같은 지구 남부에 위치한 거대 도시들은 상황이 다르다. 이곳에서는 안전 문제와 마찬가지로 이동의 용이함은 개인의 부와 연결되어 있다. 부유할수록 이동성이 높아지고, 가난할수록 집에서 직장까지의 거리가 멀고, 복잡하고, 시간이 많이 소요된다. 그러므로 미래 도시의 과제 중 하나는 이동성을 단순화하는 것이다. 공간과 사회적 이동성이 어떻게 연결되어 있는지를 보여주는 좋은 예는 카라카스Caracas의 '메트로케이블Metrocable(233쪽)'이다. 이 케이블카는 도시의 가난한 구역들을 연결시켜줘 주민들이 도심으로 빨리 이동할 수 있게 해준다.

20세기는 모든 사람들이 자신의 차를 가지고 돌아다닐 것이라는 생각이 지배하던 시기였다. 도시는 핵전쟁 같은 위기가 발생할 경우 주민들이 대동맥과도 같은 도로를 통해 도시를 탈출할 수 있도록 디자인되었다. 하지만 이 같은 전략적 탈출 계획은 이제 아무런 쓸모가 없다. 오늘날 사람들은 다른 문제로 고통 받고 있기 때문이다. 자동차가 발생시키는 배기가스는 도시인들의 건강을 치명적으로 해치고 있다. 교통 체증과 스모그로 질식할 것 같은 멕시코시티 같은 도시들은 자동차 친화적인 도시가 사람들에게 얼마나 고통을 줄 수 있는지를 극명하게 보여준다.

그러므로 이제는 자동차가 주인공이 아닌 도시의 새로운 모델이 필요하다. 하지만 도시 개발의 새로운 모델이 무엇일지는 아직 확실하지 않다. 다양한 도시에서 현재의 혼란보다 단순하고 깨끗하며 '스마트'한 미래의 이동수단을 구현하기 위한 '탄소 중립 도시'나 '인간 친화적 도시' 같은 키워드가 대안으로 제시되고 있다.

코펜하겐은 건축가 얀 겔Jan Gehl 의 '휴먼 스케일The Human Scale' 개념을 지지하는 선구적 도시이다. 즉 도시 계획에 있어서 인간의 욕구가 기준이 되어야 한다는 것이다. 이를 위해 다섯 가지 요소에 초점을 맞춘다. 내연 기관 감소, 개별 교통량 및 유휴 교통량 감소, 보행자 및 자전거 통행 강화, 스마트 제어, 새로운 대중교통의 도입 등이 그것이다. 이제 이에 대해 자세히 살펴볼 차례이다.

부유한 서구 세계의 거의 모든 도시들은 향후 몇 년 안에 연소 엔진을 장착한 자동차의 비율을 줄일 계획이다. 이 자동차들은 대부분의 자동차 제조업체가 개발 중인 전기 자동차나 자율주행 자동차로 대체될 것이다. 이 같은 기술 개발은 개인 동력 운송 수단을 감소시키는 조치를 통해 보완되어야 한다. 이를 위해 도시는 자전거, 보행자 개념을 강화하고 대중교통 확충에 투자하고 있다. 대표적인 사례로 코펜하겐의 '서클 브릿지Cirkelbroen, Circle Bridge(213쪽)'를 들 수 있다.

또한 컴퓨터로 제어되는 교통 시스템을 갖춘 미래의 스마트 시티에서는 보다 효율적인 경로 안내나 지능적 주차 관리를 통해 교통 체증을 감소시킬 전망이다. 독일의 대도시만 하더라도 거의 30퍼센트에 달하는 교통량이 주차공간 탐색과 관련이 있다. 다만 주차공간을 검색하는 센서를 지원해주는 식의 해결책이 근본적인 문제를 해결할 수 있을지는 의문이다. 그러므로 급진적인 접근법으로 동력 운송 수단을 개인이 소유하는 것을 완전히 포기하는 대안이 제기되고 있다. 개인이 소유한 자동차는 하루에 22시간 정도는 가만히 서 있는데 도시 교통 지역의 약 30퍼센트가 유휴 교통, 즉 주차에 집중되는 것은 바로 이 때문이다.

이 문제를 해결하기 위한 한 가지 접근 방식은 차량 공유이다. 하나의 자동차를 여러 사람이 사용하는 것이다. 하지만 지금까지의 자동차 공유 방식은 운전자의 수를 줄이는 것이 아니라 자동차를 소유하지 않은 사람들에게 서비스를 제공하는 방식이었다. 그러다보니 오히려 도로에 더 많은 차가 왕래하는 역효과를 불러왔다. 차량 공유 외에도 알고리즘으로 최적의 경로를 계산하여 유사한 경로를 오가는 사람들이 같은 차를 이용하는 승차 공유 서비

• 대륙별 5대 도시의 이동수단 구성

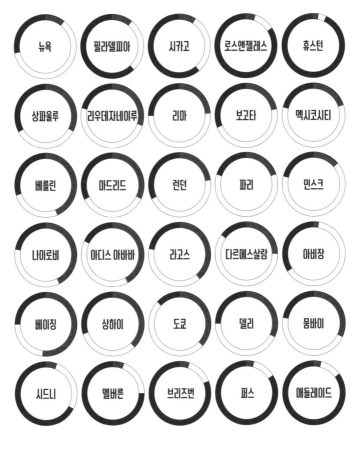

보행자 및 자전거
대중교통
개인 동력 이동수단

*수단 분담:
전체 통행 수요에서
각 교통수단이 점유하는 비율

스노 있다. 함부르크나 베를린 같은 대도시에서는 이미 시범 사업이 진행되고 있다. 앞으로는 이런 서비스가 자율주행 자동차에 흡수될 것이라는 예측도 나온다. 베를린과 함부르크에서 진행되고 있는 이 사업들은 후기 자동차 비즈니스 모델을 찾는 폭스바겐Volkswagen과 같은 대형 자동차 제조업체가 지원하고 있다.

거기서 더 나아가 자동차처럼 보이지 않는 소형 이동식 자율주행 캡슐로 구성된 새로운 교통 체계에 대한 아이디어도 제안되고 있다. 비록 완전히 새로운 아이디어는 아니지만 새로운 기술적 가능성으로 인해 이는 전 세계 도로 기획자, 건축가, 디자이너들에게 영감을 준다. 2014년 아우디 어반 퓨쳐 어워드Audi Urban Future Award에 참여한 베를린의 건축가 막스 슈비탈라Max Schwitalla가 제안한 '플라이휠Flywheel(221쪽)'이라는 캡슐 개념의 교통수단도 좋은 예에 속한다. '캡슐 개념'의 기본 원리는 개별 차량을 표준화하고 최소화하여 도로가 필요로 하는 교차로를 최소화하는 것이다. 하지만 캡슐 개념의 교통수단이 보다 특별한 점은 그것이 다른 캡슐들과 결합할 수 있다는 점이다. 이는 공간과 에너지를 절감하며 교통 흐름을 최적화한다. 어떤 캡슐의 경우, 개인 소유가 아니라 쉬지 않고 24시간 이동함으로써 교통 휴지기가 없다. 이를 통해 우리는 개인 교통수단과 공공적인 형태의 교통이 분리되는 것을 극복할 수 있다. 하지만 전체적으로 볼 때 캡슐 개념은 기존 교통 체계와 호

환되기 어려운 점이 많으므로 정치·경제적으로 완전한 시스템의 변경이 필요하며 이것이 실현되기 위해서는 수많은 논의가 필요할 것이다.

새로운 교통 체계에 대한 환상은 매혹적이다. 그러나 완벽한 새로운 시스템을 기다리는 것보다는 기존 시스템을 한 걸음씩 변화시키는 것이 더욱 바람직할 수 있다. 또한 미래에는 서로 다른 시스템이 보완적인 관계로 평행하게 존재할 가능성도 높다. 미래에서뿐만 아니라 오늘날의 관점에서도 자동차와 자전거, 대중교통 사이의 전환이 더 쉬워진다면 좋을 것이다. 예를 들어 환승 지점에 자전거 주차장이 있다면 좋지 않겠는가. 또 다른 예로는 현재 시장을 정복하고 있는 마이크로 스쿠터를 대중교통에서 사용할 수 있는지에 대한 격렬한 논의를 들 수 있겠다. 이처럼 다양한 논의들은 교통 정책을 계획하는 이들이 네트워크 시스템을 구축하기가 얼마나 어려운지를 보여준다.

'다목적 사용(한 노선에서 서로 다른 교통수단의 조합을 기술적으로 일컫는 용어이다)'을 단순화하기 위해서 가까운 미래의 도시는 새로운 형태의 건축을 필요로 한다. 엔진 및 비엔진 구동 장치 모두를 포함하고, 다양한 지역으로의 이동을 감당할 수 있는 교통 허브를 구축하는 것도 이에 포함될 수 있다. 하지만 이와 같은 교차

점이 등장할 수 있을지는 아직 미지수이다. 19세기에서 20세기 초 서구 국가들은 하수구 건설과 전기화, 지하철 노선 같은 대규모 기반시설 프로젝트를 기꺼이 수행할 의지와 능력이 있었다. 하지만 오늘날은 어떤가? 게다가 시장에서 경쟁하고 있는 기업들은 다양한 제안들을 연결하는 것에 별로 관심이 없다.

그럼에도 불구하고 새로운 이동성 문화를 촉진하기 위한 여러 합리적인 기반시설 대책이 오늘날에도 존재한다. 얼핏 보기에 지루하고 평범해 보일지 모르지만, 걷기와 자전거 타기를 장려하는 것은 여전히 중요하다. 다만 자전거 타기가 실용적이면서도 재정적으로도 도움이 될 수 있도록 아름답고 안전한 길을 계획하고, 주차공간 규정이나 회사 자동차 규정 또는 건강보험금과 같은 경제적 통제 수단을 재설계할 필요가 있다. 이러한 조치들은 최소한의 투자만 요구하기 때문에 현재에서도 실현 가능성이 있어 보인다.

그러나 그것들만으로는 합리적인 도시 이동성의 기초를 다지기에는 부족하다. 따라서 우리는 마이크로 모빌리티(Micromobility, 전동 킥보드, 전동휠 같은 친환경 동력을 활용한 소형 이동수단)에서 공유 서비스에 이르기까지 개인 소유의 이동수단보다는 더 건강하고 환경친화적이며 에너지를 절감할 수 있는 새로운 이동 방식에 대해 계속 생각해야 한다.

새로운 형태의 이동성이 오늘날의 자동차만큼 자유와 편안함, 사회적 지위에 대한 약속을 성공적으로 보장할 수 있을지는 지속적으로 논의해야 할 부분이다. 경제적 이점을 부풀리면서 도덕적인 주장만 하는 것으로는 뜻을 이루기 어렵다. 도시를 새롭게 디자인하는 것의 강점은 미래의 기회를 구체적이고 바람직하게 만들 수 있다는 데 있다. 대안적인 이동수단 문화가 지지를 받으려면 자동차가 거의 없거나 아예 없는 도시가 얼마나 살기 좋은 도시인지를 지금 여기에서 보여줄 수 있어야 한다. 예전에는 자동차가 왕래하던 도로가 도시 거주자들을 위해 실제 활용할 수 있는 공간으로 탈바꿈되는 새로운 형태의 실험이 필요하다. 이미 수많은 사례가 존재한다. 일정 기간 동안 주차공간을 임시로 전용하는 '파킹 데이PARK(ing) Day(245쪽)', 센 강변의 도로를 아름다운 도시 해변으로 전환하는 '파리 플라주Paris Plage(245쪽)', 한국의 '서울로7017Seoullo 7017(254쪽)'이나 '청계천복원사업CheongGyeCheon Restoration Project(212쪽)' 같이 고가 도로와 고속도로를 시민들을 위한 녹지 개방 공간으로 탈바꿈하는 것들이 이런 예에 속한다.

사회적 이동성의 증진은 이미 언급했듯이 이동성과 관련하여 미래의 도시를 계획할 때 공간 이동성만큼이나 중요하다. 글로벌폴리스에서의 사회적 이동성은 디지털화, 전기화, 자율주행 등 공간 이동성과 관련된 변화보다 훨씬 더 근본적인 사회 변화를 이끌기 때문이다.

오늘날 '난민을 위한 긴급 숙소', '국경의 벽'과 같은 긴장감이 감도는 영역에서 논의되고 실행되는 것들은 미래의 사회구조적 이동성 문제에 대한 예고편에 지나지 않는다. 오늘날 그리고 어쩌면 가까운 미래에도 사회적 이동성 문제는 전 세계적 이주와 함께 진행될 것이기 때문이다. 이는 미래에는 자유로운 이동성으로 인해 오늘날과 같은 국경이 더 이상 역할을 하지 못하거나 반대로 이주를 중단시키기 위해 국경이 강화될 수 있다는 것을 의미한다. 미래의 도시는 외부로부터 스스로를 방어하는 요새가 되거나 아니면 세계적인 이동성으로 인해 새로운 거주민들을 많이 받아들이게 될 것인데, 이들을 위한 생활 공간과 일자리, 사회 참여의 장이 함께 창출되어야 한다.

자연과 인공의
완전한 공존
_생태계

모든 사회적 시대는 자연과 풍경에 대한 고유한 관계를 가지고 있다.
미래 도시는 '자연'과 '인공'이 합쳐진 고유한 도시 생태계를 만들어 낼
것이다. 따라서 미래의 도시는 사람뿐만 아니라 동물과 식물을 위해서
도 만들어진다.

도시는 자연이 펼쳐지는 곳이 아니라는 일반적인 편견이 있다. 그
러나 그것은 전혀 사실이 아니다. 도시에도 동식물이 생활하고 있
고, 도시의 생물 다양성은 농업 활동을 하는 지역보다 오히려 더
크기 때문이다. 생물의 다양성은 도시의 크기에 따라 증가하기도
한다. 베를린에만 약 2만 종의 동식물 종이 있다. 게다가 독일에
존재하는 조류(鳥類) 중 약 3분의 2를 베를린에서 볼 수 있다. 오
히려 농업으로 인해 많은 동식물 종이 자연서식지를 잃어버린 관

세로 베를린 수변 지역에는 동물의 종류가 도시보다 적다. 반면에 도시는 다양한 공간이 있으므로 많은 동물들에게 생태학적 틈새를 제공한다.

지금까지는 동식물과 인간의 공존이 잘 이뤄진 것처럼 보이지만 그렇다고 충분하지는 않았다. 도시가 지금보다 더 친환경적이고 생태적이라면 훨씬 더 동물 친화적인 공간으로 거듭날 수 있다. 이는 식물과 동물뿐만 아니라 인간에게도 도움이 될 것이다. 도심 내 녹지 공간은 주민들의 건강에 기여하고, 스트레스를 줄여주며 우울증과 같은 질병의 발생 위험을 낮춘다. 또한 대기 질을 향상시키고, 미세 기후를 조절하며, 폭우가 쏟아질 때 물을 흡수하는 역할을 한다. 간단히 말해서 미래의 도시는 '더' 환경친화적이어야 한다.

자연이 도시에서 자리 잡지 못한다는 편견은 어디에서 오는 것일까? 이는 우리의 문화적 배경에 뿌리를 두고 있다. 역사적으로 인간이 만든 모든 것, 그 중에서도 도시는 서양 문화에서 오랫동안 자연에 대한 반대급부로 여겨져 왔다. 마치 인간이 자연의 반대편에 서 있는 것처럼 말이다. 근대인들은 특히 산업화가 시작되면서 자연을 낭만화했고, 동시에 자연을 파괴했다. 동식물의 서식지는 점점 사라졌다. 도시에는 더 이상 자연을 위한 장소가 존재하지 않게 되었다.

　도시 내에 동식물이 부족한 것에 대한 대안으로 공원과 정원에 가공의 경관이 조성되었다. 이는 사람과 환경과의 관계를 상징적으로 반영한다. 엄격히 기하학적인 바로크 공원이 자연을 통제하려는 인간의 욕구를 반증한다면 낭만적인 풍경의 정원은 산업화로 인해 자연과 문화경관을 상실할 것에 대한 우려에 바탕을 두고 있다. 그리고 오늘날에 와서 우리는 자연에 가까운 공간과 생태학적·생물학적 공간을 설계하고자 한다. 돌이킬 수 없을 정도로 자연을 잃어버릴까 봐 두렵기 때문이다.

　살아갈 가치가 있는 미래의 도시를 위해 우리는 더 이상 자연과 도시를 별개로 인식하지 않고 서로 연결된 것으로 보아야 한다. 이것이 구체적으로 무엇을 의미하는지는 도시의 여러 지역을 다니면서 미래의 녹지를 상상하고 그 모습이 어떨지, 또 그것이 어떤 기능을 갖게 될지를 생각해보면 훨씬 분명해진다.

　앞서 말한 것처럼 이동성 문화에 변화가 생기게 되면 과거에는 차들이 점령했던 도로나 주차공간이 빈 터가 될 것이다. 이러한 공간은 새로운 건물을 위한 공간이 되어 건물의 밀도를 증가시킬 수도 있지만 녹지로 사용될 수 있다. 홀로 떨어져서 마치 도심 속 섬처럼 존재하는 오늘날의 도시 공원과는 달리 미래의 자연 공간은 도시 전체를 관통하여 주변 지역과 동물들을 통합시키는 길고 서로 연결된 띠와 같을 것이다. 따라서 이러한 공간은 오늘날의 도심 속 녹색섬 같은 공원과는 전혀 다른 생활 공간을 제공하게 된다.

도시의 녹지화는 건물들의 전면과 지붕 위에서 계속될 수 있다. 유럽 도시에서 압도적으로 많이 볼 수 있는 전통적인 재료인 석재와 미국 도시에서 많이 볼 수 있는 강철, 유리, 콘크리트와 같은 주요 재료들은 건물 외관을 덮은 식물로 대체될 것이다. 이탈리아 밀라노에 있는 '보스코 베르티칼레^{Bosco Verticale}(208쪽)'나 시드니에 있는 '원 센트럴 파크^{One Central Park}(243쪽)'를 보면 미래 건축물의 모습을 짐작할 수 있다. 수평으로 된 숲은 수직으로 확장되어 점차 도시의 지붕 위로 뻗어나갈 것이다.

건축물이 들어선 지역뿐만 아니라 도시의 미개발 지역도 지금보다는 더 푸르른 모습이 될 것이다. 대부분의 도시에서 수변지역은 여전히 완벽하게 과소평가되는 자연구역이다. 1990년대 이후 많은 도시에서 '수변 재생'이라는 키워드 아래 많은 수로가 개방되어 시민들의 산책길로 사용되었음에도 불구하고 수역 자체는 아직 개발되지 않고 있으며 일상적으로 사용되지 않는 경우가 많다. 그 이유는 다양하다. 생태학적인 이유로 혹은 낮은 수질 때문에 물에 들어갈 수 없는 경우도 있다. 또는 법적인 문제도 있다. 가령 수로로 사용되는 특정한 강이나 운하에서 수영을 하는 것은 금

• 도시 지역의 공원 및 정원의 비율

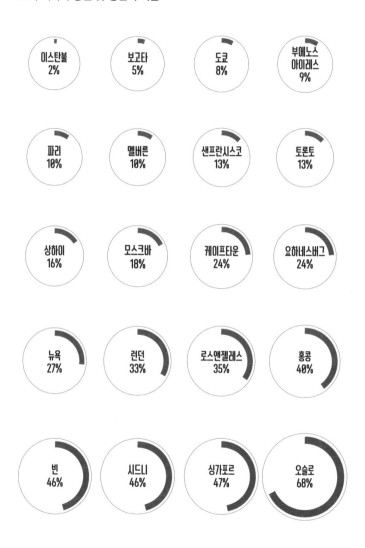

지되어 있기도 하다. 어떤 강은 제방을 너무 높이 쌓는 바람에 사람들이 거의 접근할 수 없다는 매우 현실적인 장애 요소도 존재한다. 그러나 미래의 도시는 사람들이 휴식을 취하고 운동을 할 수 있는 장소로서 강과 개울을 개방할 것이다. 미래의 도시는 자연을 통해 수영을 배울 수 있는 도시이기도 하다. 베를린에서는 현재 도시 내 운하에 수중 정화 식물을 심고 그 뒤편에서 사람들이 수영을 할 수 있게 하는 '베를린 강변 수영장^{Flussbad Berlin}(217쪽)' 프로젝트가 진행 중이다.

기존의 공원들도 미래를 위해 새롭게 접근할 필요가 있다. 대부분의 현대 공원은 수평으로 구상된 녹지이며 따라서 공간을 분리하는 기능의 일부로 존재한다. '엑스포 2000^{Expo 2000}(216쪽)'에서 선보인 네덜란드관은 사구, 수생구역, 숲 등 각 층마다 각기 다른 자연 경관을 가지고 있다. 이는 수직적인 녹지도 상상할 수 있다는 것을 보여주었다. 또한 취리히에 있는 'MFO-공원^{MFO-Park}(235쪽)'은 공원을 3차원적으로 상상한 접근 방식을 보여준다. 지금까지 녹색 지대에 대한 이상적인 그림은 주로 시각적 경험을 위해 설계된, 오래된 19세기 영국식 풍경 정원이나, 도시인을 위한 놀이나 스포츠 공간을 구현하려고 했던 20세기의 공원이었다.

우리는 기존의 공원에 다음과 같은 추가 기능을 통해 도시의 녹지를 확장하고자 한다. 여기에는 야생지역을 확장하고, 이들이 가진 아름다움을 길들이려 하지 않으면서 고유한 아름다움을 가진 기능 공간으로 개발해 도시의 생산성에 기여하게 하는 것도 포함된다.

그것은 새로운 도시 생태계라고 해도 부족함이 없다. 도시에는 공간도 부족한 데다 자연 생태계를 지탱하기 위해서는 수만 가지의 서비스가 필요하다. 따라서 새롭게 탄생할 도시 생태계는 재생의 역할 뿐 아니라 다른 여러 기능도 맡을 것이다. 다시 말해 에너지가 생산되고, 폐수가 정화되며, 식품이 생산되는 공간이기도 한 것이다. 전통적인 녹지 외에도 옥상이나 건물 외벽, 혹은 터널과 같은 지역에도 녹지 조성은 가능하다. 싱가포르에는 소위 '슈퍼트리Supertree (257쪽)'가 공원 내에 세워져 있다. 이 슈퍼트리는 철근콘크리트로 만들어진 건축물로써 다양한 환경적 기능을 수행하는 인공 나무들이다. 나무들은 태양 전지를 갖추고 있으며 에너지를 발생시킬 수도 있다.

미래의 도시에서도 홍수나 폭우 때 스펀지처럼 수분을 흡수하여 저장하고 가뭄 시에는 물을 방출하는 기능을 가진 구역이 필요할 것이다. 코펜하겐에서는 홍수 방지를 위한 녹지 조성 프로젝트인 '홍수 관리 계획Cloudburst Management Plan (265쪽)'을 진행하기도 했다. 그리고 여기에는 공기를 발생시켜 도시를 통과하도록 돕는 구역도 포함된다. 미래의 도시는 생태학적으로 생산저인 자연 생태계와 공간 구조를 창조한다. 그것은 주변을 빨아들이지 않고, 오히려 도시를 풍요롭게 하고 인간과 자연이 공생하도록 한다.

우리는 도시의 자연 생태계에 있어 다른 접근을 시도해볼 수도 있다. 왜 녹지 확장을 하는 데에 공원과 수변, 지붕과 건물 전면에만 집중해야 하는가? 이들은 모두 기존의 도시 관념에서 옮겨진 자연과 풍경의 전통적인 이미지를 바탕으로 한 것이다. 하지만 미래의 도시는 그들만의 자연의 형태를 만들어 낼 것이다. 무엇이 도시를 도시로, 건물이 가득 찬 공간으로 만드는지 생각해보자. 건축물을 인공물이 아닌 자연적 유기체로 이해해보는 것은 어떨까? 무엇인가를 자라게 하는 지지 구조, 호흡의 일부로서의 냉난방 시스템, 영양 시스템의 일부로서의 폐수를 생각해보자는 것이다. 살아 있는 건물과 에너지를 생산하고 공기를 정화하며 맑은 물을 만들어내는 구조의 일부로서의 식물들. 그럼으로써 녹지와 건축지역이라는 경계를 해체하는 것이다. 미래는 이 같은 하이브리드의 세상이 될 것이다.

미래의 하이브리드 세상을 맞이하려면 시간이 필요하겠지만 현재의 관점을 바꾸는 것은 당장 시작할 수 있는 일이나. 예를 들어 새로운 건물들의 옥상을 녹화(綠化)할 수 있다. 기존의 건물들도 허가를 받는다면 추가로 옥상 녹화를 할 수 있게 한다. 주택이나 아파트 건물 전면을 공기를 정화시키는 녹색 구역을 만든다. '서울로 7017'이나 '청계천복원사업'과 같이 정치가의 의지로 거리 공간을 대담하게 재조정하는 경우는 쉽지 않지만, 여름이면 센 강의 강변을 도시 해변처럼 변모시키는 '파리 플라주'처럼 적어도 일시적이나마 특정 공간을 새롭게 사용하는 방법도 시도할 수 있다. 그 외에도 이미 진행되고 있는 생산적인 풍경의 사례가 많다. 코펜하겐에는 '아마게르 자원센터Amager Resource Center(201쪽)'라는 열병합 발전소가 있다. 이곳의 주목적은 폐기물을 태워 에너지를 생산해내는 것이지만 그 곳은 겨울이면 스키를 탈 수 있는 공원이 된다. 이렇게 해서 도시의 자연 생태계는 누구나 향유하는 공간이 될 수 있다.

모든 것은
도시에서
생산된다
_자원

미래의 도시는 스스로를 물질적 순환의 기능을 하는 유기체로 본다. 에너지, 식량, 건축 자재는 더 이상 외부에서 도시로 반입되는 것이 아니라 도시 내에서 직접 생산된다. 이 새로운 도시 신진대사의 상징이 되는 것은 지금까지 도시에서 추방된 장소, 즉 물질을 정화하거나 재활용해 에너지로 전환하는 장소인 발전소나 하수처리장, 재활용 시설들이다.

지금까지 '도시'라는 단위는 우리 사회 전체와 똑같이 운영되고 있다. 얼마나 오랫동안 공급 자원이 지속될 수 있을지에 대한 우려 없이 소비에만 몰두한다. 지금은 도시는 환경을 착취한다. 게다가 이러한 과정은 대부분 도시 밖에서 이루어지기 때문에 도시 거주자들이 문제를 인지하기는 쉽지 않다. 그런 차원에서 코펜하겐에 있는 '아마게르 자원센터'의 폐기물 소각 공장은 도심에 위치하면서 스포츠와 에너지 재활용이라는 두 가지 용도를 결합하였으며 의도적으로 눈에 띄도록 만들었다.

하지만 도시화된 세계에서 도시는 더 이상 환경을 이용할 수 없다. 왜냐하면 더 이상 도시 바깥에는 건축 자재를 얻고, 폐기물을 처리할 수 있는 환경이 존재하지 않기 때문이다. 도시는 스스로를 보살펴야 하며 독립된 생태적 순환 체계로서 운영되어야 한다.

여기에는 미래의 도시가 자체 재생 에너지를 생산하는 것도 포함된다. 미래에는 지붕이나 건물 전면에서 풍력이나 태양 에너지를 생산하는 것이 오늘날 지하 주차장만큼이나 보편적으로 받아들여질 것이다. '스파크Spark(261쪽)'가 보여준 것처럼 잠재적 자원이 발견되고 사용될 것이다. '스파크' 개념에 따르면 데이터 센터 주변에 주거지를 지어서 그 폐기열로 난방을 한다. 미래에는 생물공학적 연구를 통해 식물의 광합성으로 전기를 생산하는 것도 가능할 것이다. 그리하여 건물의 벽과 지붕에서 자라는 식물들을 일종의 발전소로 사용할 수 있게 된다.

새로운 기술은 에너지 절감에도 도움이 될 것이다. 이는 열 저장, 열 완충, 절연 및 환기를 통한 냉난방 문제와 관련이 있다. 국제 에너지 기구IEA는 전 세계 전력 소비량의 약 10퍼센트가 이미 환풍기와 냉각 시스템에 사용되고 있다고 추정한다. 지구 남부의 온대지역의 거대 도시들이 빠르게 성장하는 추이를 보면 그곳의 에너지 소비 문제도 계속해서 증가될 것으로 보인다. 따라서 도시의 새로운 에너지 생산 기술은 이러한 문제를 해결하는 데에 큰 역할을 할 것이다. 단열 기술과 냉각 방식의 개선을 통해서 난방비를 절감하고, 열 저장소는 낮에 열을 저장했다가 서늘해지면 밤에 열을 다시 방류하는 재료로 만든다. 이렇게 하면 오늘날에도 냉난방용으로 사용되고 있는 에너지를 절약할 수 있다. 이러한 열 활용 기술들은 미래의 자원 효율성에 있어서 중요하게 여겨진다.

대부분 사람들은 건물을 계획할 때나 그 건물이 어떤 이유이건 더 이상 필요하지 않을 때, 건물에 사용된 재료가 어떻게 폐기되는지에 대해서는 거의 고려하지 않는다. 만약 건물을 이제와 철거해야 한다면, 그 결과로 발생하는 잔해들은 대부분 위험한 쓰레기로 여겨진다. 따라서 미래 도시에서는 사용된 건축 자재가 재활용될 수 있도록 계획하는 것이 현명할 것이다. 물론 예전처럼 모르타르에서 벽돌을 떼어내어 재사용하는 것이 오늘날 흔히 볼 수 있는 합성 건축 자재를 하나하나 분해하는 것보다는 더 쉬운 일이다. 하지만 바로 이것이 우리가 감당해야 할 과제이다.

건물은 다른 건물에서 다시 사용할 때까지 사용된 재료를 임시로 저장하는 일종의 '은행'으로 이해하면 된다. 파리의 자치공동체인 'R-어번$^{R-Urban}$(252쪽)'은 이런 차원에서 도시 생태 순환을 위한 자원 재사용 프로젝트를 진행하고 있다. 만약 이미 새로운 건

• 메가시티의 에너지 소비량

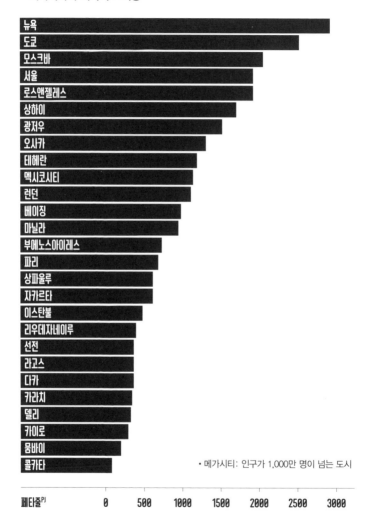

도시	
뉴욕	
도쿄	
모스크바	
서울	
로스앤젤레스	
상하이	
광저우	
오사카	
테헤란	
멕시코시티	
런던	
베이징	
마닐라	
부에노스아이레스	
파리	
상파울루	
자카르타	
이스탄불	
리우데자네이루	
선전	
라고스	
다카	
카라치	
델리	
카이로	
뭄바이	
콜카타	

• 메가시티: 인구가 1,000만 명이 넘는 도시

페타줄^{PJ} 0   500   1000   1500   2000   2500   3000

축 자재를 사용하고 있다면 다시 자랄 수 있거나 재활용이 가능한 목재를 사용하는 것이 좋다. 대표적인 예로 빈에 있는 초고층 건물 '호호^{HoHo}(225쪽)'는 건물 대부분이 재활용 가능한 목재로 이뤄져 있다. 생태학적 관점에서 이 재료들은 복합재료 같이 분리하거나 재사용이 불가능한 건축 자재보다 유리하다. 이는 또한 오늘날 사용되고 있는 콘크리트를 활용한 특정 건축 기술을 재고하고, 지속 가능한 기술을 더 발전시켜야 한다는 것을 의미한다. 취리히에 있는 '록 프린트 파빌리온^{Rock Print Pavilion}(253쪽)'은 로봇이 버려진 돌과 밧줄만으로 만든 기둥 모양의 설치물로 건축 자재 재활용의 가능성을 보여주었다. 하지만 원자재 재활용은 건축 자재에서만 끝나서는 안 된다. 도시에서 사용되고 생성되는 모든 것은 물질 순환 생태계의 일부로 이해할 필요가 있다.

물 역시 자원 재활용 차원에서 고려해야 할 부분이다. 오늘날 도시에 비가 오면 빗물은 곧장 하수도로 흘러 들어간다. 그런데 비가 지나치게 많이 오면 대부분의 유럽 도시에서는 모든 빗물과 폐수가 공동 하수도로 흘러가기 때문에 하수도 시스템에 금방 과부하가 걸리기 마련이다. 최근 유럽 주요 도시들에서 벌어진 하천 오염의 대부분은 이러한 폭우에서 비롯되었다. 과부하된 하수 시스템에서 나오는 폐수가 정화되지 않고 주변 강으로 흘러 들어가

도시의 미래

기 때문이다.

따라서 상대적으로 오염도가 적은 강수(降水)를 하수 시스템으로 흘러들지 않고 국지적으로 스며들게 하거나 옥상 정원이나 건물 전면 조경을 위해 활용하는 것도 하나의 해결책이 될 수 있다. 그러려면 도시의 녹지 공간에 대한 관점의 변화가 필요하다. 공원 전체를 잔디로 채우는 것이 아니라 일부 공간을 물을 흡수할 수 있는 갈대로 채울 수도 있는 것이다. 물을 저장하지 않고 가능한 빨리 배수되도록 설계한 최근에 만들어진 도로도 이 같은 원칙을 바탕으로 한다. 이러한 도로는 홍수 지대에 폭우가 내릴 경우 물을 흡수하여 천천히 스며들게 할 수 있다. 앞서 언급한 바 있는 코펜하겐의 '홍수 관리 계획'은 빗물을 보존하거나 배수, 침투시키는데 필요한 녹지를 구성하는 작업을 진행했다.

현재도 물을 재활용하기 위해 몇몇 건물에서는 상수와 오수, 그리고 중수로 구별하여 사용한다. 상수는 배수관에서 나오는 깨끗한 물이고, 오수는 하수처리장으로 흘러가는 폐수다. 중수는 처음 사용 한 후 건물 내에서 재활용 할 수 있는 물이다. 가령 손을 씻을 때 사용한 물을 하수도로 직접 내보내는 대신 건물 내 화장실의 변기물로 다시 사용하는 것이다. 이는 지능적인 방식이긴 하지만 글로벌폴리스 관점에서 봤을 때 아쉬운 부분이 있다. 왜냐하면 우리의 대소변은 단지 더러운 오물이 아니라 귀중한 자원이 될

• 메가시티의 폐기물 발생량

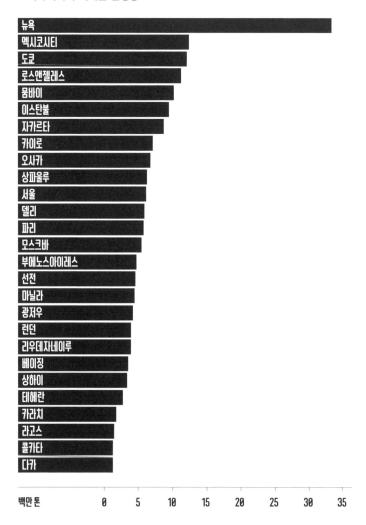

도시의 미래

수 있기 때문이다. 예를 들어 화장실 폐수에는 식물 비료를 위한 중요한 원료인 인(燐)이 함유되어 있는데, 이는 도시 농업에 활용될 수 있다.

미래의 도시는 적어도 일부나마 직접 식량을 생산해야 할 것이다. 우리가 소비하는 모든 것을 가공할 수 있을 뿐 아니라 직접 생산하는 것만을 소비해야 한다는 것이 순환 논리의 일부다. 따라서 미래의 도시에는 식량 생산을 위한 공간이 필요하며 '도시 농업'이 중요한 부분이 될 것이다.

'공주들의 정원Princessinnengärten, The Princess Gardens (248쪽)' 같은 도시 정원 가꾸기 프로젝트는 도시 농업에 있어 흥미진진한 개발 방식을 보여준다. 하지만 여전히 다수의 도시 농업 프로젝트들은 음식과 농업 개념에 있어 전통적인 이미지를 고수한다. 물론 미래의 글로벌 폴리스에서 세계적 규모로 식량이나 식량 생산을 염두에 두는 것은 중요한 문제이다. 이는 단순히 사회운동가적 의식의 문제를 넘어 식량 공급의 문제이기 때문이다.

그렇다면 도시에서 어떻게 자원을 절감하는 방식으로 식량을 생산할 수 있을까? 도시에서는 지상 공간이 부족하고 비싸기 때문에 다른 구역을 이용할 필요가 있다. 수직 농업의 경우 옥상 공간 위에서 할 수 있지만, 인공조명을 활용한다면 옥상 이외의 층에서도 가능하고 심지어 지하에서도 농업이 가능해진다. 런던에

자원 소비량

• 메가시티의 물소비량

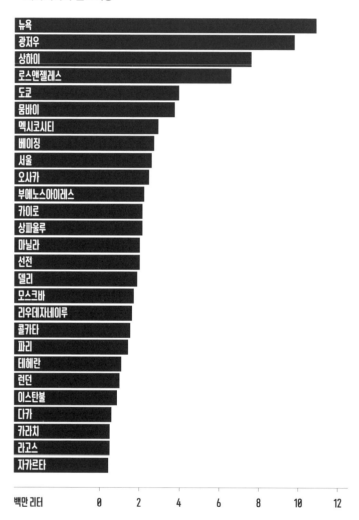

도시	
뉴욕	
광저우	
상하이	
로스앤젤레스	
도쿄	
뭄바이	
멕시코시티	
베이징	
서울	
오사카	
부에노스아이레스	
카이로	
상파울루	
마닐라	
선전	
델리	
모스크바	
리우데자네이루	
콜카타	
파리	
테헤란	
런던	
이스탄불	
다카	
카라치	
라고스	
자카르타	

백만 리터   0   2   4   6   8   10   12

있는 '그로잉 언더그라운드^{Growing Underground}(223쪽)'는 과거에 사용했던 방공호를 활용한 지하 농장이다. 일본의 기즈가와에 있는 '테크노 팜 게이한나^{Techno Farm Keihanna}(260쪽)'는 세계 최대 규모의 자동화 실내 농장으로, 여러 층에 인공조명을 달아 수경재배로 상추를 재배하고 있다. 일본 후쿠시마 원전 사고 이후 방사능으로부터 자유로운 도시 수경재배 수요가 증가한 것은 현대의 역설 중 하나이다. 뉴욕에서는 도시 농업 기업 '브루클린 그레인지^{Brooklyn Grange}(210쪽)'가 도시의 옥상을 사용하여 경작하는 방식을 보여주고 있으며 필라델피아에서는 버섯 재배 기업 '마이코폴리탄^{Mycopolitan}(237쪽)'이 도시의 지하에 농장을 만들어 버섯을 재배하고 있다.

하지만 생태학적으로 자원의 효율성을 생각한다면 미래의 도시에서는 궁극적으로 영양 공급 문화뿐만 아니라 식량 생산 방식도 변화해야 할 것이다. 도시에서 아스파라거스나 옥수수, 소를 기르는 것보다 조류(藻類)나 균류, 곤충을 재배하는 것이 더 쉽다면 미래 도시의 식단도 이에 기초해야 한다.

미래 도시의 또 다른 근본적인 혁신 요소는 위에 언급한 순환 체계가 더 이상 독립적인 것이 아니며 기능적으로 특화된 공간을 부여받기도 어렵다는 사실이다. 기존의 관습적인 해결책을 위한 공간이 없고, 다른 한편으로는 순환 방식이 상호의존적이기 때문이다. 글로벌폴리스는 도시 외에 독립된 외부 공간이 없기 때문에 모든 것을 상호보완하고 지지하는 틀 안에서 생각해야 한다. 따라서 글로벌폴리스에서는 다양한 기능과 순환 체계가 서로 결합되어 있다. 물고기 양식업을 통한 정수나 배수 기능을 가진 놀이터, 식량 생산을 통한 건물 냉방 그리고 스포츠를 이용한 재활용 등 이 모든 것이 지금, 우리가 살고 있는 이곳에서 활용해 볼 수 있는 하이브리드 문화이다.

새로운 업무
형태의 등장
_일

도시는 생산의 공간이다. 도시의 성장, 특히 19세기 이후 서구 도시들의 성장은 산업화 없이는 상상도 할 수 없다. 그러나 후기 산업사회에서는 공장들이 도시에서 사라지고, 디지털화와 4차 산업혁명과 같은 새로운 방식의 산업이 도시에 진입하여 새로운 수요를 창출하고 있다. 특권층이나 엄청난 부를 소유한 엘리트에 속하지 않은 사람들은 점점 도시에서의 삶을 감당하기 어려워지고 있다. 따라서 미래의 도시에서는 일에 대한 개념이 재고되어야 한다.

오늘날 우리가 알고 있는 유럽의 도시는 산업화의 산물이다. 공장이 도시에 세워지면서 도시에는 일자리가 생겼다. 외부에서 도시로 쏟아져 들어온 주요 자원은 노동력이었다. 하지만 이러한 1차 생산 방식은 최근 들어 서구 도시에서 점점 사라지는 추세이며 이 생산 방식은 다른 대륙으로 옮겨갔다. 그곳에서는 세계에서 몰려드는 공장들로 인해 수백만 명이 거주하는 새로운 도시들이 성장하고 있다. 또한 4차 산업혁명으로 불리는 디지털화와 자동화는 전 세계적으로 2차 산업의 일자리를 무용하게 만든다.

오늘날 대도시에서 거래되는 가장 가치 있는 상품은 지식과 서비스다. 과거에는 시간, 즉 '양'이 노동 가치의 기준이었으나 이제는 지식이나 창의력과 같은 '질'이 중요해진 것이다. 최근 몇 년간 수없이 논의된 후기 산업사회로의 구조 변화와 기존 산업의 대부분을 차지하던 생산 시설 및 일자리의 이동 혹은 일자리 상실이라는 문제는 도시의 체질 변화에 근본적인 영향을 미쳤다. 지구 북부의 대도시들은 창의적인 엘리트들을 위한 공간이 되었다. 도시는 IT 기술을 활용해 매력적인 입지 조건을 만들고 그 위상을 발전시켜야하는 '브랜드'로써 인식되고 있다. '젠트리피케이션 (Gentrification, 외부인의 유입에 의해 기존 거주민들이 밀려나는 현상)'이라는 키워드로 논의되는 이 같은 변화는 대다수 주민들의 삶에 제약이 생기고 불안정성과 실업 그리고 전통적인 구역의 파괴 등의 문제를 불러온다는 것을 의미한다. 도시는 더 이상 주민 대다수에게 자유롭고 더 나은 삶을 제공하겠다는 약속을 지키지 못하는 것처럼 보인다.

이와 같이 오늘날 전 세계적으로 도시에서의 사회경제적 배척

• 개별 산업의 자동화 잠재력(단위: %)

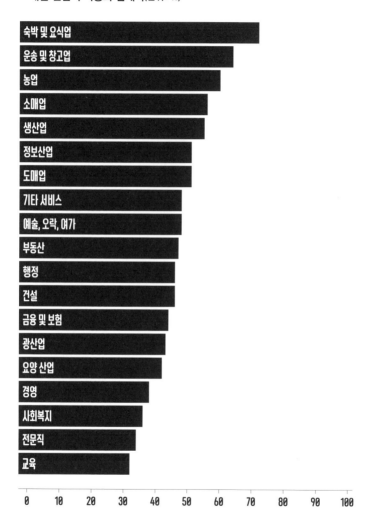

현상은 다시 증가하고 있다. 산업 구조의 변화와 그로 인해 발생한 현상은 현재 진행 중인 디지털화와 자동화에 의해 더 심화될 예정이며 앞으로는 시간을 기준으로 한 업무 형태가 점차 사라지게 될 것이다. 서구 도시에서 옮겨간 산업 활동의 정착으로 여전히 성장세에 있는 동아시아의 도시들도 이러한 변화에 미리 대비해야 할 것이다.

그렇다면 도시는 이러한 변화에 어떻게 대처해야 할까? 디자인과 건축, 도시 계획에 이르기까지 도시의 공간적, 물질적 설계 방식은 자원 효율성을 높이고, 기후 변화를 둔화시키거나 심지어 그 원인을 제거함으로써 즉각적인 해답을 제공할 수 있다. 하지만 기존의 방식으로는 오늘날의 변화된 노동 환경을 따라잡지 못하고 있다. 이로 인해 제기되는 문제는 기술이나 공간성, 창의성에 관한 것이 아니기 때문이다.

최근에 제기되는 도시 정치 및 도시학적 담론의 중요한 키워드는 '재산업화'이다. 재산업화는 19세기 산업화와 달리 생태학적으로 지속 가능하고, 깨끗하고, 건강에 해롭지 않은 생산 시설의 설립을 통해 이루어진다. 새로운 도시 모델의 개발, 도시 농업, 수공예, 지역 재활용 및 수리(修理) 경제는 도시에 기반을 둔 미래의 자원 생산을 위한 경제적 모델이 될 수 있다. 이것의 장점은 짧은 유통 경로, 고객과의 근접성으로 고객의 요구 사항을 보다 구체적으로 반영할 수 있다는 것이다. 소규모의 유연한 생산 시설은 도시 내부에서 자체적인 자원 순환 체계를 만들어낸다. 이러한 방식은 이미 파리에서 시도되고 있는데 앞서 말한 'R-어번'은 지역 차원에서 생산, 소비, 재활용을 통해 자원 순환 체계가 자리 잡도록 하는 것을 목표로 하고 있다. 이를 통한 사회 통합의 효과도 무시할 수 없으며 이민자 정책을 위한 하나의 비전을 제시할 수도 있다. 난민들이 고품질의 디자인 상품을 생산하는 데 참여하는 베를린의 사회적 기업 '쿠쿨라CUCULA(214쪽)'는 도시의 생산 시설이 사회 참여에도 기여할 수 있음을 보여준다.

그러나 이러한 형태의 재산업화는 도시의 물질적 구성을 크게 변화시키지는 못할 것이다. 새로운 생산 시설들은 커다란 건축적 변화 없이도 지상으로 이동할 수 있지만 정작 변화가 필요한 부분은 토지 이용 계획, 즉 어떤 지역을 어떤 용도로 사용할 수 있는지에 대한 규제에 관한 것이기 때문이다. 예를 들어 소규모의 실험적인 3D 프린팅 연구실이나 재활용품 카페는 빵집이나 커피숍만큼의 매출도 올리지 못할 가능성이 높다. 따라서 이러한 산업에 대해서는 규제보다 건축적 측면에 무게를 둔 재정적 지원도 있어야 한다.

또 다른 많은 논란이 되고 있는 문제는 도시인들의 삶에서 어떤 형태의 일이 필요하며, 노동시간이 얼마나 필요한가에 관한 것이다. 탈고착화 사회는 융통성을 요구하고, 모든 사람이 스스로 책임을 져야 하며 상호간의 약속에 따라 각자의 삶을 실현할 수 있다. 노동 공간에 대한 구조와 함께 여러 측면에서 기존의 노동에 대한 개념이 무너지고 있다. 신자유주의 유연성의 또 다른 측면은 고용주들은 이전보다 더 넓은 범위에서 숙련된 노동자들을 모집하는 광고를 해야 한다는 것이다. '자아실현'이라는 도그마에 따라 의미 없는 노동에 자신의 시간과 창의성을 바치고자 하는 노동자들은 점점 줄어들고 있다. 이 '의미성의 위기'라는 반응은 공간과 시간이 계층화되고 보다 미묘한 수준에서 통제되는 새로운 노동 모델이다.

미국의 구글과 페이스북이나 베를린의 악셀 스프링어^Axel Springer 처럼 스스로를 혁신적이라 여기는 대기업들은 사무실 내부를 개방적으로 건축하고 있다. 업무 환경에 최적화된 공간을 만들기 위해 단지 기능적인 요소만을 충족시키는 것이 아니라 직원들과 서비스 종사자들이 긍정적으로 느낄 만한 분위기를 조성하는 것이다. 이곳에는 업무 공간뿐만 아니라 여가 활동과 직원들을 위한 공통 공간이 마련되어 있다. 이로써 직원들이 잠을 자기 위해서만 이 공간을 떠나는, 일종의 폐쇄적인 캠퍼스가 형성되는 것이다.

이러한 캠퍼스의 조성 목적은 직원들에게 회사에서 자아실현이 가능하다는 느낌을 주기 위해서이다. 일과 여가의 경계가 모호해지고 무엇보다 지금까지 타인에 의해 결정되던 노동 임금도 스스로 결정하고, 자발적인 팀워크로 일해야 한다.

현재 전통적인 사무공간을 대체하기 시작한 또 다른 업무 환경으로 '코워킹 스페이스Co-working Spaces'가 있다. 이곳에서 일하는 사람들은 전 세계 여러 도시의 다양한 고객들을 위해 일한다. 이들은 세계 어디에서나 일을 찾고 동시에 자신과 같은 형태로 일을 하는 다른 사람들과 네트워크를 형성해 정보를 공유하기도 한다. 코워킹 스페이스는 좋은 품질의 커피를 제공하거나 채식주의자를 위한 네트워크, 육아 네트워크 등도 갖추고 있다. 이러한 유연한 업무 모델에 적합한 공간 외에도 새로운 통신 도구와 디지털 형태의 노동이 당신이 세계 어디에서나 일을 할 수 있도록 해준다. 에스토니아는 '전자 영주권e-Residency(214쪽)'이라는 디지털 시민권을 제공한다. 이것만 있으면 누구나 에스토니아 어느 곳에든 디지털 회사를 설립할 수 있다.

이 모델이 모두를 위한 노동의 미래가 될 수 있을지는 앞으로도 지켜볼 일이다. 노동의 유연성과 이동성, 탈연대적 방향에 대해 굳이 부정적인 시선으로 보지는 않는다 할지라도 보다 넓은 사회적 차원에서 볼 때 비판적 의문이 제기되고 있기 때문이다. 새로운 업무 환경에 대한 부정적 측면을 숙고하다보면 기본 소득이나 일의 가치, 삶의 균형과 같은 논의로 이어지고, 의미 있는 노동활동은 무엇인지 또 성공적인 삶을 위한 노동의 역할은 무엇인지에 대해 생각하게 된다.

또한 이러한 질문들은 산업이 디지털화, 자동화되는 배경에서 육체 노동이 없어질 수 있을지에 대한 논의로도 이어진다. 도시 차원에서의 사회적 참여와 공동체 활동이 어떤 역할을 해야 하는지, 또 사회적·생태학적 맥락에서 어떤 새로운 형태의 노동이 사회적으로 의미 있는 활동으로 받아들여질지 등이 논의의 대상이 될 수 있다.

얼핏 보면 디자인 분야는 새로운 업무 형태에 기여하는 바가 제한적인 것처럼 보인다. 하지만 도시의 원시코드가 환경에 대한 착취와 과잉 생산에 바탕을 두고 있다는 것을 깨닫고 미래 사회가 물질, 시간, 심리적 자원의 활용을 보다 조심스럽게 규제하려 한다면 도시의 공간적 생산에 대한 전통적인 개념 또한 새롭게 정립할 필요가 있다. 1960년대의 급진적인 건축 문화도 미래 도시에 대해 어느 정도의 전망을 제공한다. 네덜란드의 예술가 콘스탄트Constant는 끊임없이 변화하고, 변화시키는 도시의 유희적 측면에 집중했고 그가 구상한 도시 비전을 '뉴 바빌론New Babylon(240쪽)'이라고 불렀다.

글로벌폴리스는 오늘날 우리가 살아가는 것과는 달리 끊임없이 변화하는 도시가 될 수 있다. 그곳에서 노동은 더 이상 가장 중요한 일이 아니게 된다. 세상은 더는 과잉 생산을 중심으로 돌아가지 않기 때문에 많은 활동이 불필요해질 것이다. 사람들은 자율화, 기계지능화, 자동화된 것 이외의 업무만 담당할 것이기 때문이다. 시간 부족에 시달리는 대신 시민들은 자유롭게 하고 싶은 일을 하며 무엇보다도 하기 싫은 일을 하지 않게 된다. 실업은 불안정한 상태가 아니라 정상적인 상태로 여겨질 것이다. 어울리고, 꿈꾸고, 즐기고, 아무것도 하지 않는 삶을 영위하게 된다. 이러한 삶은 여러 사람이 모여 만들어가는 것이기 때문에 미래의 글로벌폴리스에는 다양한 공공 및 공동체 공간이 필요할 것이다.

스스로를 더 이상 팽창적이라고 여기지 않는 이런 사회에서는 건축가들이 새로운 과제를 떠안게 된다. 새로운 건물을 짓는 대신 리모델링을 하거나 심지어 새로운 건물을 짓지 않기 위한 계획을 세우는 것은 오늘날에도 여전히 지배적인 스타 건축가들의 창의력을 대체하는 능력이 될 수 있다. 지금부터 이런 능력을 키워가는 것도 나쁘지 않을 수 있다.

다양한
주거 방식으로의
변화
_주거

오늘날 도시에서 사는 비용은 점점 더 비싸지고 있다. 그에 따라 전통
적인 사유 재산 구조를 넘어 새로운 방식을 시험하려는 시도가 늘고 있
다. 이러한 프로젝트들 중 일부에서는 사생활과 공공의 경계가 재정의
되는 새로운 형태의 공동체가 생겨나고 있다.

유럽의 주택 문제는 1870년대부터 치열한 논의의 대상이었다. 당
시에도 신흥 산업 국가를 중심으로 노동자들과 소규모 사업장의
직원들은 주택난을 겪어야 했다. 이들의 가족들은 종종 몇 세대가
함께 좁은 집에 모여 살아야 했고 도시의 생활 여건은 좋지 않았
다. 하지만 어떻게 모든 사람에게 적절한 생활 공간을 제공할 수
있을까? 당시 건축가와 도시 개발자의 해결책은 산업화된 대규모
주택이었다. 제1차 세계대전 이후 대규모 주거지가 생겨났는데,

그중 일부는 유네스코 세계문화유산이 되었지만 오늘날의 관점에서는 더는 삶의 질이 높은 생활 공간으로 여겨지지 않는다.

오늘날 서구 도시들은 복지국가의 해체라는 문제에 직면하면서 비록 형태는 다르지만 과거와 같은 질문에 맞닥뜨렸다. '어떻게 모든 사람에게 적절한 생활 공간을 제공할 수 있을까?'

부유한 서구 국가들에서는 지난 세기 동안 1인당 사용 가능한 생활 공간이 꾸준히 증가해왔다. 독일의 경우 1965년부터 지금까지 1인당 평균 생활 공간이 23제곱미터에서 그 두 배인 46제곱미터 이상으로 늘어났다. 이러한 성장은 세 가지 원인에 영향을 받았다. 우선 가구 구조 변화로 인해 기존 4인 가구 체제에서 1인 또는 2인 가구로 구성원이 줄면서 부엌과 욕실 면적을 공유하는 인원이 줄어든 것이 개인의 면적 소비량을 증가시켰다. 또한 삶의 질 개선에 대한 욕구가 늘어나면서 쾌적한 생활 공간에 대한 수요로 이어진 것이 영향을 주었다. 마지막으로 유연한 업무 환경으로 이동성이 높아져 복수의 거주 공간을 필요로 하는 사람들이 많아진 것도 그 원인이 되었다.

그와 동시에 도시 생활에 점점 더 많은 비용이 소요되며 이를 감당하지 못하는 사람들도 늘고 있다. 홈리스가 많아지고, 대도시에서는 저임금 분야에서 일하는 사람들이 도시 외곽에 위치한 직장으로 출퇴근하기 위해 하루에 몇 시간을 보내는 것도 드문 일이 아니다. 게다가 전 세계적으로 공통된, 가족의 '아메리칸 드림'이라고 볼 수 있는 단독주택에 대한 수요는 여전히 높다.

하지만 이 같은 생활 방식은 많은 공간을 차지하며 높은 이동성을 필요로 하는데 이는 둘 다 생태학적으로 이롭지 않다. 그러므로 미래의 도시에서는 인구 밀도가 높으면서도 도시의 삶을 매력적이고, 저렴하게 만드는 새로운 형태의 생활 방식을 찾아내는 것이 중요하다. 삶의 개념도 이에 따라 재고해야 한다. 한 사람이 필요로 하는 공간은 얼마나 되는가? 모든 집에 거실이 꼭 필요한가? 남에게 보여줄 필요 없이 나만의 삶을 살아가는 후기 부르주아적 생활 문화가 가능할까?

지금 시점에서만 보더라도 삶의 개념에 변화가 필요하다는 것을 알 수 있다. 앞서 언급한 것처럼 노동의 유연성으로 인해 사람들은 여러 장소를 옮겨 다니며 유목민 같은 삶을 살기도 한다. 초소형 아파트나 비즈니스 모델로서의 공유 아파트와 같은 발전 방식 역시 이러한 변화에 대한 첫 발걸음이라고 볼 수 있다. '모리야마 하우스森山邸, Moriyama House(235쪽)'를 지은 일본의 건축가 니시자와 류西沢立衛, Ryue Nishizawa 같이 응당 필요하다고 생각했던 것을 벗어나 공간을 최소화함으로써 새로운 삶의 질을 창조해내는 건축가도 있다. 생활 공간 축소와 공간의 공동 사용은 이웃 간의 유대 강화로 이어지기도 한다.

도시의 미래

• 거주자 1인당 평균 생활 공간 면적(단위: 제곱미터)

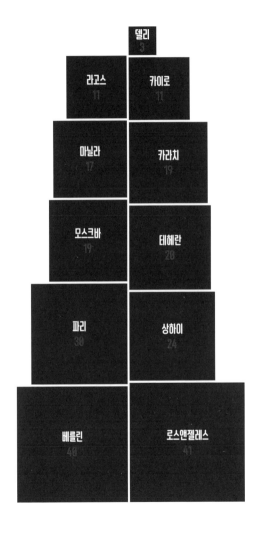

상징적이나마 생활 방식의 변화를 확인할 수 있는 또 다른 움직임으로는 요즘 들어 이동성 있는 유연한 노동 유목민들에게 이상적인 거주 환경으로 각광받고 있는, 어디서나 생활이 가능한 이동식 주택인 '타이니 하우스^{Tiny House}(262쪽)'가 있다.

하지만 궁극적으로 이러한 실험적인 생활 형태는 또 다른 근본적인 문제에 대한 반향이라 볼 수 있다. 대도시에서의 생활비가 점점 높아지고 있기 때문이다. 여기서 공간을 최소화하거나 이동성을 통해 탈출하는 것은 근본적인 해결책이 아니다. 모든 사람들이 감당할 수 있는 저렴하고 쾌적한 주택을 어떻게 공급할 것인가에 대한 접근이 더욱 필요한데 이는 부동산 투자자들의 투기적 이익을 박탈해야만 가능할 것으로 보인다. 독일에서는 임대료 상한선부터 대형 주택회사의 토지수용 문제에 이르기까지 다양한 논쟁이 벌어지고 있다. 그러나 용기 있는 건축적 결정과 사회 지향적인 조직 구조가 서로에게 이익을 가져다주는 접근법도 있다. 예를 들어 생활 공간을 찾는 사람들은 일반적인 시장 메커니즘을 넘어서는 생활 공간을 얻기 위해 협동체를 이룬다. 이러한 협동조합의 형태도 부흥기를 맞고 있다.

주거 공동체 바우그루펜^{Baugruppen}은 사유 재산에 기반을 두고 있다. 실거주 목적의 주택을 소유하고 싶으나 시장에서 알맞은 주택을 찾을 수 없는 사람들이 함께 도시 주택을 짓기 위해 그룹을 형성한다. 건축가들은 시장의 표준이 아니라 특정 거주자를 위한 계획을 세운다. 그 결과 많은 협력 프로젝트에서 수준 높은 공동 공간이 탄생했는데 이는 모든 이들을 위한 가치 있는 공간으로 인정받고 있다. 오늘날에는 공공 소유 토지를 증여할 때 최고가 낙찰자가 아닌 가장 야심찬 콘셉트를 가진 공모자를 선택하는 이른바 '콘셉트 방식Concept Procedure'을 채택하는 도시도 있다. 이때 선발 기준에는 공동체 및 공공을 위한 공간 외에 환경적 측면도 포함된다.

또 주거 공동체가 아닌 협동조합을 조직하는 이들도 있다. 최근 몇 년간 가장 혁신적인 주거 프로젝트들은 이렇게 생겨났다. 예를 들어 취리히의 '칼크브라이테Kalkbreite (230쪽)'에는 공유 아파트나 대가족을 위한 아파트, 공유 주방을 중심으로 묶인 소형 아파트 그리고 필요한 주거 공간이 일시적으로 증가할 때 임시로 임대할 수 있는(가령 돌봄이 필요한 부모가 있거나 새로운 배우자가 생겼을 때) 이른바 '주거용 조커' 공간 등이 있다. 혼자 사는 사람들을 위한 다양한 공동 구역도 칼크브라이테에서는 중요한 요소이다. 이 같은 부수적인 요소를 재정적으로 감당하기 위해서는 모든 거주자들이 자신들의 거주 공간을 조금씩 줄여야 가능하다.

도시에서는 생활비가 많이 들수록 사회적 구분도 강해진다. 다양한 사회 집단과 연령층이 함께 살 수 있는 새로운 형태의 생활 방식을 개발하는 것 역시 미래의 도시에 특히 중요할 것이다. 학생들과 과거 노숙자였던 사람들이 공유 아파트에서 함께 살아가는 빈의 '빈치라스트 미텐드린^{VinziRast-mittendrin}(264쪽)'은 위에서 말한 생활 방식이 어떻게 작동하는지를 보여주고 있다.

하지만 미래의 도시를 위해서 우리는 삶의 변화를 더욱 급진적으로 생각해야 한다. 우리는 글로벌폴리스에서는 사람들이 오늘날보다 훨씬 더 자유롭게 생활하기를 바란다. 어째서 우리는 삶이 수년 간 같은 방식으로 고정되어야 한다고 생각하는가? 생명의학이 급격히 발달하고 있다는 것을 염두에 둘 때 현재의 가족모델이 앞으로 얼마나 오랫동안 의미 있는 모델로서 유지될 것인지 의문을 제기하지 않을 수 없으며, 이를 대신하는 완전히 새로운 형태의 공동체가 발전할 가능성도 열어둘 필요가 있다. 여기서 19세기에 논의되었던 대안적 생활 형태에 대해 얘기를 나눠보는 것도 상당히 흥미로울 것이다. 가령 '팔랑스테르^{Phalanstère}(246쪽)'는 낭만적 초기 사회주의자인 샤를 푸리에^{Charles Fourier}가 자유롭게 살고, 사랑하고, 일하는 자급자족적 농업 공동체에 붙인 이름이었다.

글로벌폴리스를 글로벌 도시로 본다면 '살아가는' 상태와 '자유'의 가능성이 오로지 인간에게만 해당되는 것인지 아니면 인류세(人類世)의 범주에서 동식물의 생명과 삶도 같이 생각해야 하는지

도시의 미래

에 대해 의문을 품을 수 있다. 자연적인 생활 공간이 아니라 인간에 의해 형성된 공간만 존재한다면 동식물에게 적합한 생활 공간은 어떻게 만들 것인지 생각하지 않을 수 없기 때문이다. 각종 동물과 식물이 살아가는 장소와 실내는 어떻게 디자인되어야 할까?

또한 글로벌폴리스를 다원화된 사회로 이해한다면 우리는 신과 여러 정령들을 숭배하고 예배하는 장소에 대해서도 염두에 두어야 할 것이다. 현대라는 기술·경제적 사고에 의해 우리의 의식에서 밀려 나온 이러한 초월적 존재들 역시 다중우주의 도시에 나름의 장소와 공간을 필요로 한다.

세계 3대 일신교를 공동으로 숭배하는 베를린의 '하우스 오브 원House of One(226쪽)'과 같은 프로젝트는 모든 비판과 단점에도 불구하고 새로운 방향성을 제시하는 첫 걸음이라 할 수 있다. 하지만 가령 미국에서 석유 산업과 토착민들의 경제적 이해관계로 인해 벌어지는 갈등을 지켜보자면 평등하고 다원주의적인 사회로의 길은 여전히 멀다는 생각이 든다. 왜냐하면 서구는 여전히 보편주의적 사고에 사로잡혀 있기 때문이다.

도시는
누구의
소유인가?
_소유권

소유권은 도시 발전에 큰 영향을 미친다. 모든 사람이 도시에서 살 수 있도록 미래의 도시는 전통적인 자산 개념을 버려야 한다. 개방된 도시로서 최소한의 규칙만 행사하며 땅이 누군가의 소유일수 있다는 개념에 작별을 고하는 것이다. 미래의 도시는 모든 주민들의 것이다.

약 100년 전만 해도 주택 문제를 해결하려는 다양한 시도가 있었다. 제1차 세계대전 이후 민주화의 물결이 일었던 배경 속에서 대중들에게 맞는 새롭고 고품격의 저렴한 주택을 만드는 것이 실현 가능한 것처럼 여겨졌다. 저렴하고 개혁적인 정착지의 개발은 1920년대부터 유럽 도시 개발의 중심 과제 중 하나였다. 주택 문제는 건축과 디자인, 경제적 문제일 뿐만 아니라 언제나 사회정치적 목표와도 연결되어 있었다. 이러한 발전은 대부분 협동조합에 의해 지원되었다. 하지만 급진적 정치 세력은 소위 '최저생계비'야말로 민중들이 소유권에 대한 의문을 제기하는 것을 막으려는 유화정책이라 항상 비판해왔다.

왜냐하면 도시의 구조는 주로 소유 구조에 의해 형성되기 때문이다. 개인 소유의 작은 필지로 이루어진 도시는 개인이 건물을 소유하고 있는 도시일 때와 한 블록을 송두리째 소유하고 수익을 창출하려는 대형 주택회사에 속해 있을 때는 다르게 보인다. 또한 건축 공동체의 구성원들이 돈을 모아 살고 싶은 집을 지은 건물과 부동산 개발업자가 분양하기 위해 지은 집은 분명 다르다. 주거 지역은 상업 지역과는 그 외관부터 다르다. 따라서 도시의 미래를 근본적으로 결정하는 문제는 지난 10년 동안 도시 운동가들이 지속적으로 제기한 '도시는 누구의 소유인가?'라는 질문, 그리고 '어떤 새로운 형태의 자산을 상상할 수 있는가?'라는 질문과 결부되어 있다.

따라서 '도시는 누구의 소유인가?'는 경제적, 정치적인 질문으로 그 답은 도시 설계에 직접적인 영향을 미친다. 합법적 재산이든 상징적 재산이든 상관없이 이것은 도시 개발의 근본적인 문제와 연결된다. 첫 번째로는 무엇을 지을지 누가 결정하는가이다. 도시는 모든 시민에게 속해 있다는 관점에서 보면 협상 과정에서 모두의 이익을 고려한 요구 사항이 있을 것이고, 이를 바탕으로

• 2016년 부동산 투자로 인한 현금 흐름(단위: 달러)

아시아에서 미국, 유럽과 오세아니아까지

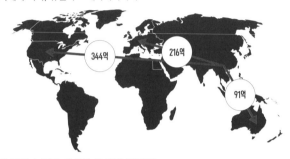

미국에서 남미, 유럽, 아시아, 오세아니아까지

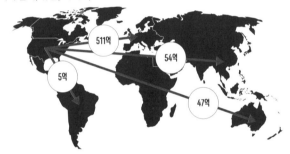

중동에서 미국, 유럽, 아시아까지

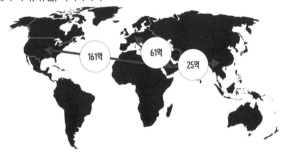

무엇을 지을지를 결정할 것이다. 반면 자기 땅의 활용을 스스로 결정할 수 있는 투자자가 있다는 관점에서 보면 협상 과정에는 별다른 의문이 생길 수 없다. 오히려 이 관점에서는 '왜 건물을 세우려고 하는 것인지'와 같은 다른 질문이 제기된다. 순수한 이익을 위해서인지 투자자의 필요에 의해서인지 혹은 건물이 가지는 대표성 때문인지에 대한 의문이 그것이다.

현대의 도시 개발은 규제를 통해 무엇이, 어디에, 어떤 방식으로 건설될 수 있는지를 규정함으로써 이러한 갈등을 해소하고자 한다. 이러한 시도에는 제법 효과적인 참여 과정이 포함된다. 자본주의 사회에서 도시는 정부 규제와 개인적 이익 사이에서 줄타기를 한다. 한편으로는 고도의 협상을 요하며 대중의 이해를, 다른 한편으로는 자신이 원하는 건물을 짓고자 하는 개인의 이익을 대변한다. 이처럼 대중과 개인 간에 발생하는 이해 차이는 오늘날 서구 도시의 근간을 이룬다고 볼 수 있다. 이는 1748년 조반니 바티스타 놀리Giovanni Battista Nolli의 디자인을 보면 잘 알 수 있다. 그가 그린 로마의 계획도에는 모든 건물은 검은색으로, 누구나 자유롭게 접근할 수 있는 지역은 흰색으로 표시되어 있다. 소위 '놀리 맵Nolli Map'이라고 불리는 이 같은 도면은 이후에도 도시 계획에 있어 중요한 수단이 되었는데 자산의 본질인 개발과 미개발의 차이, 궁극적으로는 사유지와 공유지의 차이를 시각적으로 나타냈기 때문이다.

　그러나 검은 도면은 미래에 대한 질문에 더 이상 도움이 되지 않는다. 그것은 2차원적일 뿐만 아니라 네 번째 차원인 시간성도 결여되어 있기 때문이다. 미래의 도시 공간들은 그때그때 필요에 따라 기능을 바꿀 것이다. 주간에는 어린이들의 학교 운동장이었던 곳이 야간에는 공원이 될 수 있고, 고층건물의 옥상 정원은 낮에는 공공장소로 사용되지만 밤에는 개인 전용 공간이 될 수도 있다.

　검은 도면이 더 이상 우리에게 도움이 되지 않는 또 다른 이유로는 미래 도시 구상에서는 공공과 민간이라는 흑백의 이분법이 더는 소용이 없기 때문이기도 하다. 바로 이전에 우리는 사유 재산을 떠나 협동조합으로서의 주거 공간을 꾸려가는 대표적인 사례로 취리히의 '칼크브라이테'를 제시했다. 하지만 이 모델 또한 여전히 자산의 개념에 묶여 있기 때문에 미래 도시를 위한 모델로서는 부적절할 수도 있다. 그렇다면 기본적으로 사유 재산의 개념을 포기하는 건 어떨까? 이 책의 초반에 우리는 도시의 역사를 다루며 도시의 원시코드에 대해 이야기했다. 여기에는 재산의 가치나 이로 인한 이익과 같은 개념이 포함된다. 우리가 살고 있는 현대 사회는 이 코드에 바탕을 두고 있다.

지금까지는 도시 계획이 국가의 영역으로써 어느 정도는 대중의 이익을 대변할 권리를 가지고 있었다. 하지만 오늘날에는 도시 계획이 점점 글로벌 기업들에게 흥미로운 사업 분야가 되어가고 있다. 구글의 모기업 알파벳Alphabet이 대표적인 사례이다. 이들은 최근 도시 계획에 관여하고 있다. 스마트 시티의 건설과 계획을 위한 새로운 사업 영역이 열리고 있는데 스마트 시티란 '건설'될 뿐만 아니라 '관리'되고 '유지'되며 '시설화'되어야 하기 때문이다. 한마디로 스마트 시티는 지속적인 사업 모델인 것이다.

하지만 이것이 우리가 살고 싶은 미래의 도시일까? 비즈니스 모델로서의 도시, 운동화 브랜드처럼 특정한 라이프스타일을 약속하는 도시 말이다. 혹은 일시적인 주거 공간을 임대하는 회사 소유의 도시는 어떤가? 그러다가 그 도시가 우리의 정보도 모조리 손에 넣는다면?

이 모든 새로운 경제 개념의 기본은 땅이 누군가의 소유라는 생각이다. 재산을 바탕으로 사람들은 돈을 벌 수 있다. 이것은 도시를 비즈니스 모델로 만든다. 하지만 다행히도 이러한 흐름과는 반대되는 모델도 존재한다. 스위스의 '에디트 마리온 재단Edith Maryon Foundation(256쪽)'과 같이 오히려 투기를 피하기 위한 방법으로 부동산을 구입하는 경우도 있다. 현재 베를린에서는 대중들의 이익을 위해 대형 부동산 회사 소유의 주택에 대한 사회화를 촉구하며 주민들의 서명 운동이 진행되고 있다. 이것이 실현될 경우 수십 년 동안 광산업이나 도로 공사가 그랬던 것처럼 주택도 공공재로 수용될 수 있게 된다.

미래의 도시를 위해서는 자산 이외의 소유 형태를 찾는 것이 중요하다. 자산이 아닌 소유 형태는 덜 절대적이고 유연해야 하며 보다 공동체적이고 여러 사람들의 이익과 요구에 개방적이어야 한다. 도시를 자유와 개방의 영역으로 생각하려면 기존의 규범에 작별을 고해야 하기 때문이다.

기술은 도시를 보호할 수 있는가?

_보안

자유와 함께 안전은 도시가 제공하는 핵심적인 약속 중의 하나이다. 중세에는 도시의 법률이 있어서 군주로부터 시민들을 보호했다. 또한 외부의 공격으로부터 보호하기 위해 도시에는 성벽이 건설되었다. 이는 시민의 자유를 지키기 위한 것들이었다. 하지만 전 세계가 네트워크로 연결된 세계에서는 너무 많은 안전망으로 인해 오히려 자유를 잃어버릴 수 있다. 따라서 글로벌폴리스는 불확실성을 허용함으로써 고유한 개방성과 주민들의 자유를 지켜야 한다.

역사적으로 도시는 주변과 단절된 곳이었다. 6000년 전 메소포타미아의 우루크Uruk와 같은 초기 대도시는 성벽을 세워 자신을 지켰다. 물론 도시를 성벽으로 둘러싸는 것은 요즘에는 최선책이라고 보기 어렵지만 보안은 여전히 집중적으로 논의되는 문제이다. '보안'은 도시에 대한 정치적 담론에서 유행어처럼 사용되기도 한다. 테러나 천재지변에 대비한 보안에 투자가 늘고, 감시 시스템이 새로 설치되고, 경비 병력이 채용되고, 차량 진입 방지용 말뚝 설치 등 구조적인 보안 조치가 이뤄지고 있다.

독일의 경우에는 그 정도가 덜하기는 하지만 세계 여러 도시들에서 상류층이나 중산층이 스스로를 '게이트 커뮤니티^{Gated Community}'라 부르며 점점 더 많은 벽과 울타리를 설치해 외부 세계나 바깥 도시 공간과 구별하고 있다. 역으로 리우데자네이루처럼 도시 내에 중세 시대의 게토^{Ghetto}와 같이 벽으로 둘러싸여 있는 빈민가와 주택가도 존재한다.

이러한 과감한 조치 외에 도시 공간에 대해 보안이 덜한 영역도 있다. 이 영역에서는 주로 보안이라는 주제보다는 자원 효율성과 기후 보호 등의 문제가 더 중요하게 여겨지기도 한다. 바로 '스마트 시티'에 대한 것이다. 스마트 시티라는 용어는 도시에서 발생하는 다양한 문제를 하나의 개념으로 묶어서 논의하기 위해 사용된다. 새로운 기술의 사용을 통해 자원 소비를 줄이고, 도시 생활의 질을 향상시키며, 새로운 서비스를 개발해야 한다는 요구가 그것이다. 이를 위해 도시는 교통 움직임이나 대기 질, 소음 등을 측정하는 센서로 가득 차 있으며 수집된 데이터는 시민에 대한 통제 근거로 사용된다. 하지만 누가 데이터를 수집하며 어떤 방식으로, 무엇의 도움을 통해 스마트 시티가 제어되고 운영될 것인지에 대한 질문은 상대적으로 열려 있다. 데이터나 정보처럼 민감한 부분을 측정하고, 제어하는 기술로 도시를 뒤덮는다는 개념은 오히려 외부의 공격 가능성으로부터 도시를 보호해야 할 필요성을 증가시킨다. 사실 통제 사회 자체는 궁극적으로 통제를 정당화한다.

보안이라는 용어는 인간의 행동반경에만 해당되는 것이 아니다. 도시는 환경 재해로부터도 스스로를 보호해야 한다. 역사적으로 도시는 화재나 홍수, 폭우, 한파나 폭염과 같은 여러 극단적 기후로 인한 재해로부터 안전을 보장하기 위해 애써왔다. 그리하여 홍수 시 범람하는 물결을 차단하고 스펀지처럼 물을 흡수하는 범람원(汎濫原)을 계획하는 도시들이 증가하고 있다.

사실 이러한 조치들은 개별적 계획이 아니라 더 넓은 범위에서 도시 경관 계획의 일부로서, 극한 기후에 대처할 수 있는 다기능적 계획으로서 우리 일상의 질을 개선시켜야 한다. 우리는 이미 코펜하겐의 '홍수 관리 계획'을 언급한 바 있다. 그 외에 뉴욕도 현재 자연재해 보호 기반시설에 대한 새로운 아이디어를 탐색 중이다. '빅 유The Big U(205쪽)' 프로젝트는 스케이트장이나 조류 보호 구역, 산책로나 도시 농장 등 여러 종류의 공공장소에 눈에 보이지 않는 홍수 방지 구역을 조성하는 것이 목적이다.

하지만 모든 기술적 조치 외에 도시는 심리적 차원에서도 탄력성을 가지고 있어야 한다. 이러한 도시 이론을 '회복탄력 도시Resilient Cities(252쪽)'라고 한다. 이 이론에서는 시민들이 위기 상황이나 험난한 상황에서도 유연하게 대처할 수 있도록 도시가 도움이 되어야 한다고 말한다. 지역 네트워크를 강화하고, 사람들을 한곳에 모으고 지역 공동체의 발전을 돕는 대책을 통해 이러한 환경이 조성될 수 있다. 이는 자연재해 뿐만 아니라 타인에 대한 인간의 폭력을 예방하는 방법이기도 하다. 따라서 도시에서 보안을 강화하기 위한 가장 효과적인 방식은 감시 카메라나 무장 경비원이 아니라, 사회적 상호작용이 활발하고 서로를 돕는 공동체가 생겨날 수 있도록 도시가 매력적인 나눔의 공간이 되는 것이다. 이것은 물론 현재에도 중요하지만 미래를 위한 중요 과제이기도 하다.

모든 건
시민이
결정한다
_참여

미래의 도시는 소수가 아니라 모두가 함께 계획한 도시여야 한다. 앞으로는 하향식이 아닌 상향식 프로세스가 더 많이 필요할 것이다.

'도시에 대한 권리Right to the city' 운동의 기원 중 하나는 도시 계획 과정에 시민의 참여를 더 많이 요구하는 것이었다. 도시에 대한 기존의 시민 참여는 본질적인 결정, 가령 건설을 할 것인지의 여부, 무엇을 건설하고 어떻게 사용할지 등의 결정이 내려진 후에야 비로소 계획에 의문을 제기할 수 있었다. 그러므로 이러한 참여는 매우 제한적인 범위에서만 가능하다. 하지만 도시민들이 더 많은 참여를 요구하고 원한다는 사실은 지속적으로 확인할 수 있다. 함부르크의 '플란부데PlanBude(247쪽)'는 이 과제를 매우 성공적으로 진행 중인 단체이다. 현대의 통상적인 참여 절차 대신 이 단체는 '소원 제시' 모델을 도입했다. 투자자와 건축가가 계획을 시작하기 전에 시민들은 계획이 진행될 지역에 대한 자신들의 요구를 발전시켜야 한다.

하지만 '참여'는 이보다 더 많은 것을 의미한다. 여기에는 시민의 대다수가 변화를 원하지만 정치가들은 추구하지 않는 정치적 의제를 논의하는 것도 포함된다. 예를 들어 베를린에서는 여러 조사에 따라 도시 거주자의 대다수가 도시의 차량 통행 감소를 원한다는 것을 수차례 확인할 수 있었다. 이러한 요구에서 설립된 시민 단체 '자전거 시민 투표Volksentscheid Fahrrad'는 교통 정책의 변화를 촉구하고 있다. 주민 투표로 자전거법을 통과시키고 싶다는 이 단체의 요구에 대해 베를린 상원은 협상 의지를 보였고 새로운 법안을 통해 많은 요구 사항들이 채택되었다.

주민 예산 편성의 예를 들어봤을 때 참여는 '투명성'을 의미하기도 한다. 예산 편성에 시민의 참여가 이뤄지면 시에서는 예산을 공표하면서 시민들에게 재원 사용과 관련하여 발언권을 보장한다. 기존의 참여 제도의 틀을 깨기 위한 또 다른 시도로 시민 전문가나 일시적인 조직을 꾸리기도 한다. 제비뽑기와 같은 오래된 민주주의적 방법에 의해 임의로 뽑힌 시민들이 문제를 함께 토론하고 결정을 내리는 것이다.

참여는 또한 지치고 시간이 많이 걸리는 과정이다. 하지만 그

럴 만한 가치가 있다. 도시에는 다양한 사람들이 살고 있으며 도시를 잘 알고 자신만의 의견을 가지고 있는 지역 전문가들이 많다. 역사적으로도 단지 초안만 있는 계획은 그리 효과가 없다는 것이 증명되었다. 변화는 함께 노력해야만 가능한 것이다.

일부 도시들은 시민들이 굳이 모습을 드러내지 않고도 이러한 논의가 가능하도록 디지털 기술을 통해 더 많은 참여를 유도하고 있다. 유럽 연합EU의 연구 프로젝트인 '디센트D-Cent'는 유럽 전역에 걸쳐 투표나 시민 참여 및 시민 주도의 활동을 펼치고 이를 위한 의사소통 플랫폼 등 직접 민주주의를 촉진하기 위해 다양한 소프트웨어 도구를 개발한다. 특히 이런 점에 있어서 스마트 시티의 개념이 한층 더 발전해 나가야 한다. 지금까지의 스마트 시티 개념은 다소 기술권력적인 면이 있으며 하향식이었고 도시의 현실을 적절하게 반영하지도 못했다. 그러나 앞으로의 도시 디지털화는 소통형 민주화와 함께 나란히 이루어져야 한다.

더군다나 전 세계적으로 이주가 이뤄지는 시대에는 도시에 거주하는 사람들이 '시민'으로서 참여할 수 있는 범위에 대해 도시 전체가 고민할 필요가 있다. 서구의 자유주의적이고 개방적인 민주주의 국가에서조차 많은 시민들이 사회정치 참여에서 배제되고 있기 때문이다. '연대 도시' 네트워크는 또한 여권과 거주 허가증이 없는 사람들도 도시 활동에 참여하는 것을 목표로 하고 있으며, 현재 많은 도시가 이에 동참하고 있다.

지역 정치와 도시 개발의 '어떤' 과정에 '누가' 참여하고 있는지는 미래 도시 계획의 핵심 질문 중 하나이다. 이에 대한 올바르고 집중적인 접근 방식은 무엇인가? 그것은 디센트와 같이 도시 행정적으로 새로운 형식을 시도하거나 주민이 발언권을 쟁취하는 등 '실행'을 통해서만 알아낼 수 있을 것이다.

이질성과
불완전함의
아름다움
_미학

미래의 도시는 이질성을 자랑스럽게 여긴다. 획일적인 이미지 보다는 의도적으로 미완성된 모습을 보여주고자 한다. 또한 새로운 것이 태동할 수 있도록 틈새와 빈 공간을 남겨둔다. 도시는 작업장이자 연습실이다. 이미 현재에 모든 것이 결정되어 있다면 미래에 대한 선택권이 더 이상 없기 때문이다.

글로벌폴리스의 미학은 무엇인가? 그것은 아름다움인가, 아니면 흉측한 것인가? 열린 사회의 개방성에 대해 어떤 아름다움을 추구할 것인가?

미래의 열린 사회는 아마도 '미완의 건축'이라는 단어로 표현될 것이다. 모든 것이 준비된 것은 아니지만 한창 진행 중이며 우리 세대뿐 아니라 다음 세대까지도 참여할 수 있는 건축으로써 말이다. 베를린에 기반을 둔 건축회사인 쿠엔 말베치^{Kuehn Malvezzi}는 2008년 베를린 성의 '홈볼트 포럼(227쪽)'(Humboldt Forum, 프로이센왕국 시절에 세워진 베를린 성을 복원하고, 이곳에서 범세계적인 문화·예술·학문의 중심 기능을 수행하고자 하는 프로젝트-역) 설계 공모 대회에 참가했다. 이들은 건물 전면을 재구성하는 대신 벽돌이 그대로 드러나는 프레임을 제안했다. 건물 전면의 외양은 나중에 결정하면 된다는 의견이었다. 이들의 주장은 이목을 끌기는 했으나 불행히도 이 같은 '개방적인 제안'은 실현되지는 못했다.

앞서 도시 정책에 대해 시민들의 참여를 제안한 것처럼 도시 미학에 대해서도 시민들의 참여를 이끌어 낼 수 있다. 베를린에서 1984년부터 1987년 사이에 열린 베를린 국제 건축 전시회^{International Building Exhibitions·IBA}에서 유명 건축가 프라이 오토^{Frei Otto}가 선보인 '에코 하우스^{Eco-House}(242쪽)'가 그 예이다. 에코 하우스는 오직 천장과 기둥, 그리고 최소한의 기술 인프라로만 구성되었다. 건물의 나머지 부분은 거주민들이 직접 짓는다. 그 결과 지극히 개인적이면서도 원시성이 드러난 건물이 완성된다.

쾰른의 건축가 베른하르트^{Bernhardt}와 리저^{Leeser}도 이러한 아이디어를 이어받아 함부르크에서 열리는 국제 건축 전시회에 비슷한 모델을 제안하기도 했다. 2013년에 완공된 '기본 건축과 거주자

Grundbau und Siedler, Foundation Works and Settlers (223쪽)'라는 이름의 이 건물에서 건축가들은 기본적인 틀만 만들었고 나머지는 거주민들이 직접 지을 수 있도록 설명서를 작성했다. 하지만 완성된 건물은 베를린의 프라이 오토가 설계한 건물만큼 거칠고 제멋대로며 재미있게 보이지 않았다. 이에 대한 건축가들의 설명은 다음과 같다. 함부르크 주민들은 스스로 만든 개성 있고 실험적인 건물보다는 건축가가 계획한 '건물다운' 건물을 원했던 것이다. 이들이 배워야 할 것은 실험의 개방성과 자발성이다. 사실 지금처럼 실험을 하기에 좋은 시기도 없지 않은가.

프라이 오토와 마찬가지로 건축계의 노벨상이라 할 수 있는 프리츠커상을 수상한 칠레의 건축가 알레한드로 아라베나Alejandro Aravena의 건축에서도 우리는 야생성과 질서의 성공적인 타협을 볼 수 있다. 2004년 건설된 칠레의 이키케Iquique 항에 있는 빈민 정착촌인 '킨타 몬로이Quinta Monroy(248쪽)'는 질서정연하고 기본 구조만 갖춘 빗살 같은 집들로 이루어져 있다. 빗살 사이의 빈 공간은 필요에 따라 주민들이 채울 수 있는데 시간이 지나는 동안 거의 모든 공간이 메워졌다.

미학에 관한 한 많은 사람들은 아름다움을 먼저 생각한다. 그러나 미래의 도시 미학을 '아름답다'거나 '흉측하다'고 판단하는 것은 옳지 못하다. 우리는 사회적 현실과 사회정지적 목표를 감각적 차원에서 다루는 방식을 미학이라고 이해한다. 이것은 여러 가지 경험을 필요로 한다. 전통적 의미로는 아름답지 않지만, 사회정치적 태도를 감각적으로 경험할 수 있게 한 건축의 가장 유명한 예는 파리의 퐁피두센터Pompidou Centre일 것이다. 1960년대 후반에 세워진 이 곳은 엘리트층이 아닌 일반 대중들이 예술과 문화에 쉽게 접근할 수 있게 하기 위한 예술 민주화 프로젝트의 일환이었다. 이 건축물은 일반적으로 건물 내부에 숨겨져 있던 여러 구조물과 기능들을 건물 전면에 드러냈다. 에스컬레이터는 물론 환기 파이프와 기타 기반시설도 선명하게 외부에 드러나도록 했다. 건물이 아름다움을 떠나 민주주의, 개방, 평등이라는 관념에 미적 표현을 더한 이 같은 건축 양식은 오늘날에도 여전히 많은 사람들을 사로잡고 있다.

오늘날에도 이런 감각적 경험을 가능하게 하는 다양한 건설적 시도가 있다. 예를 들어 유명한 예술가 올라퍼 엘리아슨Ólafur Eliasson이 디자인한 코펜하겐의 '서클 브릿지'는 자전거 이동과 예술의 감각적인 경험을 결합시키려는 시도라 할 수 있다. 이를 통해 모든 사람들이 도시에서 자동차에 대한 스트레스 없이도 A지역에서 B지역까지 이동할 수 있다. '파리 플라주'를 통해서는 거리가 단지 이동 공간 그 이상의 의미를 갖는다는 사실을 이해할 수 있다. 좁은 공간에 사는 것이 넓은 공간에 사는 것 못지않게 매력적이라는 경험 또한 반 보 레멘첼^{Van Bo Le-Mentzel}의 '타이니 하우스' 같은 예술 프로젝트에서 얻을 수 있다. 도시가 기회를 제공하면서도 아직 어떤 것도 결정되거나 정의되지 않았고, 계획되지 않았다는 것을 경험할 수 있는 참여형 프로젝트는 마드리드의 '엘 캄포 데 세 바다'나 베를린의 '공주들의 정원' 등이다.

새로운 경험을 가능하게 하는 건축과 도시 실험은 사회를 근본적으로 변화시킬 수 있는 진원지 역할을 한다. 하지만 동시에 이는 고도의 인구 밀도로 인한 피로감을 불러올 수 있으며 생태학적 직업은 지루하고, 협력을 위한 협상 과정은 길고 고단하다는 현실을 헤쳐 나가야 한다. 그럼에도 불구하고 좋은 건축과 도시 계획은 이러한 난제를 합리적인 방식으로 처리하고 도시에 대한 전통적인 개념을 극복할 수 있음을 보여준다. 페르난도 로메로^{Fernando Romero}의 '국경 도시^{Border City}(206쪽)' 개념이 한 예이다. 이는 미국과 멕시코의 국경에 걸쳐져 있는 도시를 일컫는다. 양국의 빈부 격차를 최소화하기 위해 이 도시는 경제특구를 포함하여 서로 연결된 다양한 클러스터로 이루어져 있다. 또한 양국 사이의 이질성을 해결하기 위해 로메로는 방사형이나 격자형 혹은 육각형 등 여러 색다른 도시 구조를 결합해 기존의 도시 체계와는 다른 새로운 무언가를 만들어내고자 한다.

우리는 아직 글로벌폴리스의 미학을 잘 알 수 없다. 어쩌면 그것은 미래 세대 디자이너들의 숙제이다. 하지만 우리는 현재 이뤄지고 있는 시도들을 통해 우리가 경험할 미래 도시의 미학을 상상할 수 있다. 그것은 건축 및 디자인 계통의 화려한 잡지에서 흔히 보던 것보다 훨씬 더 간단하면서도 거칠 수 있다. 여러 프로젝트를 통해 기존의 구조를 현명하게 다루고 있는 베를린 건축가 아르노 브란들후버Arno Brandlhuber의 건축이 어쩌면 이러한 미래 도시 미학을 보여주는 사례가 될 수 있다. 그는 가격이 폭락했거나 붕괴 직전인, 혹은 투자 실패로 방치된 건물까지도 자신의 프로젝트 대상으로 삼는다. 이미 주어진 것에서 급진적인 미학을 개발하는 그의 철학은 '안티빌라Antivilla(204쪽)'에 잘 나타나 있다.

미래 도시의 미학은 작업실이나 연습실의 미학으로 가장 잘 설명할 수 있다. 일단 연습실과 같은 공간을 누구도 아름다워야 한다고 생각하지 않는다. 기능이 중요한 공간이기 때문에 연습실로서의 기능만 있으면 충분하다. 두 번째로 작업실의 이미지가 미래 도시의 미학을 상상하는 데에 도움이 될 것이다. 작업실의 미적 측면은 작업실 내부에서 여러 물체들이 아직 완성된 것이 아니라 만들어지는 과정에 있다는 점이다. 이곳에서 우리는 원형 및 중간 단계 그리고 실패한 시도의 흔적 등을 볼 수 있다. 무엇인가 생겨나기도 하지만 많은 것들이 여전히 만들어지는 과정 중에 있다. 이 불완전성의 이미지는 권력의 대표성에 대한 반대 이미지라고도 볼 수 있다. 권력은 스스로를 완전하고, 완벽하며 숭고한 존재로 보이게 하려는 경향이 있어 감탄과 숭배, 찬양의 대상이 되기를 원한다. 그로 인해 참여와 능동적인 형상화 작업 및 비판이 배제된다. 이와는 대조적으로 미완결성은 여전히 열려 있다. '개방성'은 미래 도시 미학의 핵심적인 특징이다. 그것은 결코 완벽하지 않고, 완성되지 않으며, 전통적인 의미에서 결코 대표성을 가질 수 없다. 미래 사회를 형성하는데 참여하도록 당신을 초대하는 것은 바로 이런 이유 때문이다.

4장

글로벌폴리스의 아이러니

글로벌폴리스의
유의점

1516년 토마스 모어^{Thomas More}가 《유토피아^{Utopia}》를 쓸 당시, 그는 한 사회에 대한 자신의 비전을 제시하기 위해 건축과 도시 계획에 대한 설명을 사용했다. 우리는 지금까지 글로벌폴리스를 통해 미래 도시에 대한 우리의 비전을 전달하고자 했다. 글로벌폴리스는 미래 사회의 밑그림이기도 하다. 하지만 이 스케치에는 우리가 고칠 수 없는 맹점이 있는데 적어도 우리가 인지하는 선에서나마 이를 드러내고자 한다.

디스토피아가 된 글로벌폴리스

글로벌폴리스란 전 세계에 걸쳐 있는 도시 네트워크이다. 그런데 그것은 정말 전 세계로 확장될 수 있을까? 아니면 도시 바깥에 다른 공간이 있을까? 그곳에는 어떤 생활 환경이 우세할 것이며 누가 그곳에 살 것인가? 오늘날 세상을 보면 지구상의 모든 사람들이 우리가 얘기하는 글로벌폴리스에 살 수 있을지 그 전망이 희박하다. 오늘날 도널드 트럼프 미국 대통령이 꿈꾸는 장벽이나 유럽연합이 외부로부터 스스로를 보호하려는 경계 조치를 보면 정반대의 그림이 더 현실적으로 느껴진다. 글로벌폴리스의 삶이 실현되는 것은 전 세계 인구의 극히 일부 혹은 국한된 계급에서만 가능하다는 그림말이다. 여기서 글로벌폴리스의 주변국은 에너지(댐, 풍력발전, 태양광, 바이오매스 등)의 생산과 글로벌 프롤레타리아들로 이루어진 인력, 그리고 식량 공급을 책임질 것이다. 그렇다. 지금까지 우리는 글로벌폴리스가 가진 디스토피아적 측면을 숨겨온 것이다.

권력은 누구에게 갈 것인가

권력의 문제는 공간과 관점과 밀접하게 연관되어 있다. 과연 글로벌폴리스에서 진정한 자유와 평등의 영역이 있을까? 글로벌폴리스에서의 경제 형태는 어떠할까? 미래의 도시가 기업처럼 상업화되고 이익 지향적으로 움직인다면? 이들의 정치 구조는 무엇일까? 미래의 도시는 민주적으로 조직될 것인가 아니면 권위주의적으로 조직될 것인가? 이 질문들은 미래의 도시에서 핵심적인 부분들이다. 하지만 그 답을 건축이나 도시 계획 수단에서 찾을 수는 없다. 미래 도시의 디자인은 건축가와 도시 개발자들 뿐 아니

도시의 미래

라 각성된 민주주의 사회에서 정치적으로 능동적인 시민들의 손에 달려 있기 때문이다.

도시 전문가들의 책임

그럼에도 불구하고 건축가와 도시 개발자에게는 특별한 책임이 있다. 그들은 미래의 형태를 위해, 즉 미래 도시와 사회를 형성하기 위해 매일 애쓰고 있다. 이들은 고무적이거나 비판적인 미래를 디자인함으로써 도시와 사회의 미래에 대한 광범위한 논의에 중요한 기여를 할 수 있다. 이들이 디자인한 밑그림을 가지고 대중들은 어떤 미래가 바람직하고 어떤 것이 바람직하지 않은지에 대해 토론할 수 있다.

5장

인터뷰_글로벌폴리스를 위한 제언

글로벌 전문가들이 예측한 도시의 미래

우리는 미래 도시에 대한 비전을 독일에서 나고 자라서 살고 있는 중년 백인 남성 학자의 관점에서 발전시켰다. 따라서 우리 관점의 제한적인 면은 다른 이들의 관점과 경험으로 보완되어야 할 것이다.

우리가 글로벌폴리스를 묘사한 앞선 3장은 이미 훌륭한 기술적·사회적 기반을 갖춘 부유한 서구 도시들을 기준으로 실천 영역을 제안한 장이었다.

하지만 서구 도시가 지닌 것과는 다른 문제에 직면한 세계의 많은 지역에서는 또 다른 실천 방식이 더 절실하게 요구될 것이다. 또한 우리와는 다른 문화와 경험을 가진 사회에서는 미래에 대한 모습도 다르게 디자인할 것이다. 따라서 우리는 글로벌폴리스에 대한 우리의 생각을 가능하다면 세계 각지의 사람들과 지역에 소개하고 미래 도시에 대한 그들의 생각에 대해서도 이야기를 나누고 싶다.

우리는 다음 세 명의 인터뷰를 통해 우리가 갖지 못한 다양한 관점을 제시하고 변화를 꾀하고자 한다. 첫 번째 인터뷰 대상자는 융호창张永和. Yung Ho Chang 교수이다. 그는 중국계 미국인 건축가로 베이징에 건축 사무소를 운영하고 있으며, 매사추세츠공과대학MIT에서 교수로 강의를 하고 있다. 그는 2011년부터 2017년까지 건축계의 노벨상이라고 불리는 프리츠커상Pritzker Architecture Prize의 심사위원으로도 활동했다. 두 번째 인터뷰 대상자인 디에베도 프란시스 케레Diébédo Francis Kéré 역시 건축가다. 그는 아프리카 국가인 부르키나파소Burkina Faso에서 태어났다. 지금은 베를린에서 살며 건축 사무소를 운영하고 있다. 현재 뮌헨 공과대학TUM에서 건축 설계 분야 교수이며, 예일대학교Yale University에 교환교수로 재직하기도 했다. 그는 흙 건축 기술을 이용한 혁신적인 학교 건축으로 유명하다. 마지막 세 번째 인터뷰 대상자 루이자 프라도 데 오마틴스Luiza Prado de O.Martins는 브라질 출신의 예술가이자 사회운동가로 현재 베를린에 거주하고 있다. 그녀는 '탈식민주의 디자인Decolonizing Design' 운동의 공동 창시자로서 식민주의와 젠더 문제, 민족 문제에 관여하고 있다.

아주 작으면서도
거대한 도시

_융호창(건축가 겸 MIT 교수)

Q 도시와 세계 인구가 지난 50년처럼 계속 빠르게 성장한다면 100년 후에는 전 세계가 거대한 도시가 될 수 있다. 글로벌폴리스는 아시아인의 시각으로 볼 때 어떤 모습일까?

A 상상력에서 우러나오는 것이 아니라 내가 정말로 보고 경험했던 도시에 대해 얘기해본다면 스리랑카의 콜롬보^{Colombo}를 들 수 있다. 내가 아는 거의 모든 도시에는 공항과 도심 사이에 자유 공간이 있다. 하지만 콜롬보에는 공항에서부터 바로 도시가 시작되고, 거기서부터 빽빽하게 들어선 도로가 도심까지 이어진다. 아주 커다란 도시에 와 있는 느낌이다. 하지만 조금만 자세히 들여다보면 사실 콜롬보는 직선적인 도시라는 것을 알 수 있다. 도로 왼쪽과 오른쪽에 건물이 늘어선 단층적인 구조고 그

1956년 베이징에서 태어났으며 건축가이자 MIT의 교수이다. 베이징에서 건축 사무소 '아틀리에 FCJZ^Atelier FCJZ'을 운영하고 있다.

도시의 미래

뒤로는 아무것도 없이 그저 농지가 펼쳐져 있을 뿐이다. 이는 아시아의 다른 개발 도상국에서도 흔히 볼 수 있는 형태다. 그리고 이러한 선형 도시들이 성장하면 마침내 빽빽하게 들어선 거리와 그 사이에 펼쳐진 농지로 구성된 끝없는 네트워크가 형성된다. 미래의 도시는 아마 이런 모습이지 않을까.

Q 우리가 도시 이야기를 하면서 폴리스(국가)를 언급하는 것은 도시 네트워크가 언젠가는 오늘날의 국가 시스템을 대체할 수 있고, 도시는 국가를 대체할 수 있다고 생각하기 때문이다.

A 그 부분이 나에게는 흥미로웠다. 나는 항저우에 있는 국립미술대학CAA에서 중국의 고등 교육 시스템 설계에 참여한 적이 있다. 건축가로서 대학 캠퍼스의 설계를 의뢰받았었는데 학생들이 중국의 전통적인 방식과는 다르게 공부할 수 있도록 캠퍼스를 설계해야 했다. 대학에서 공부하는 동안 학생들은 연구를 하면서 진정으로 새로운 지식을 창조해야 한다. 그런데 그것이 어떻게 가능할까? 이런 측면에서 고전적인 학문적 위계질서는 장애로 여겨진다. 새로운 지식은 폐쇄적이고 전문적인 학문의 영역 내에서 발생하지 않는다. 그래서 우리는 학문과 전문 영역 사이의 모든 경계가 해소되는 학교 시스템을 설계했다. 그 결과 우리는

18만 제곱미터의 거대한 건물 안에 그 모든 것을 수용했다.

물론 이것은 비교적 작은 기관인 대학을 예로 든 것이지만 궁극적으로는 국가가 조직되는 방식과도 비교될 만하다. 우리가 얘기하는 글로벌하고 무한한 도시에서는 국가가 여전히 존재한다고 해도 오늘날과는 다른 의미를 가질 것이다. 앞서 말한 대학의 조직 구조 변화는 도시와 국가의 구조 변화와도 맞닿아 있다. 이런 면에서 우리는 비슷한 사고방식을 공유하고 있는 걸로 보인다.

Q 중국과 비교해볼 때 유럽의 도시는 비교적 작다. 자연을 거대한 도시 복합체와 통합하려고 할 때 우리가 중국으로부터 배워야 할 부분은 무엇일까?

A 나는 마당을 중심으로 도시를 구성하는 아이디어가 매우 흥미롭다고 생각한다. 황제가 통치하던 시대의 중국에는 공공 공간이나 공원이 없었다. 이는 모두가 자신의 집 한가운데에 조그마한 자연을 한 조각씩 가지고 있을 뿐이어서 어떻게 보면 안타까운 일이었다. 나 또한 그런 마당이 있는 집에서 자랐다. 마당에 새들이 날아다니는 것을 지켜보던 기억이 난다. 그렇지만 내부로만 집중된 집에서는 열린 하늘도 지상을 뒤덮은 온갖 풀과 나

무들도 볼 수 없고 이 모든 것을 경험할 수 없다.

물론 나는 우리가 여전히 전통적인 건축으로부터 많은 것을 배울 수 있다고 믿으며 도시 공간을 디자인하는 데 있어서 여전히 훌륭한 접근법을 제시하기도 한다. 마당은 사람들이 자연과 가까이 지내도록 도움을 준다. 게다가 마당을 모두 합친다면 현대의 공원만큼이나 넓은 공간이 나올 것이다. 하지만 집안의 마당은 현대의 공원을 대신할 수 없다. 아무리 집안에 큰 나무가 있다 하더라도 집안에 놀이터를 놓을 수 없는 것처럼 말이다. 단층 마당집의 아이디어를 30층 현대식 건물로 옮기는 것은 흥미진진한 건축 과제라고 생각한다. 뜰이나 마당이 있는 집이라는 아이디어는 새로운 관점에서 더 발전시키고, 재해석해야 하는 부분이다. 이 개념을 반드시 염두에 두어야 할 것이다.

Q 글로벌폴리스의 건축도 무한히 지속될 수 있을까?

A 그렇다. 무한한 건축이란 끊임없이 진화하는 건축물을 말한다. 1960년대 일본의 건축가들, 이른바 '메타볼리즘^{Metabolism}(232쪽)'의 선구자들은 자연물질의 순환에 대한 생각을 건축으로 끌어들였다. 건물들은 스스로 변화할 수 있어야 하며 변화하는 환경에 적응해야 한다. 그러나 이는 단지 하나의 접근법일 뿐이다.

또 다른 접근법은 짧은 기간 동안만 쓰일 건물을 설계하는 것이다. 그러다 더 이상 필요가 없어지면 건물을 바로 철거하고 다시 짓는다. 물론 이러한 방법은 그 사회의 생활 방식이나 경제 시스템과 관련이 있다. 나는 홍콩에 사는 60세 가량의 한 건축가를 알고 있는데, 그는 이와 같은 방법으로 같은 사유지에 이미 세 개의 다른 건물을 지었다. 두 시나리오 모두 상상 가능하다. 끊임없는 진화를 통해 새로운 설계가 필요하지 않는 열린 시스템을 갖춘 무한한 건축. 혹은 일본의 전통 신사와 같이 몇 년에 한 번씩 똑같이 재건되는 임시 건축의 형태이다. 이러한 방식을 통해 지속 가능한 건축물이 탄생한다.

Q 새롭게 떠오르는 글로벌폴리스는 그 외의 나머지 지역을 식민지로 만들 수 있는 힘을 가지고 있기 때문에 두려움의 대상이 될 수 있다. 글로벌폴리스는 그 규모에도 불구하고 어떻게 다양성을 유지하고 보호할 수 있을까?

A 그렇다. 이는 어느 정도 프리츠 랑Fritz Lang의 장편 영화 〈메트로폴리스Metropolis〉를 상기시킨다. 두려움을 불러일으킬 수 있다는 가능성 말이다. 물론 베이징, 상하이, 도쿄, 멕시코시티 등 모든 주요 도시에서의 정치적 이슈는 중요하다. 하지만 사람들의 일상

에서는 다른 것들이 훨씬 더 중요하게 여겨진다. 그리고 도시의 크기는 인간의 경험을 능가한다.

어린 시절 나는 실컷 뛰어놀고, 자전거도 타며 동네를 누비고 다녔다. 학교와 상점, 심지어 극장까지 우리가 필요로 하는 모든 것이 가까이 있었기 때문에 그것만으로도 충분했다. 하지만 도시는 상상 이상으로 거대했다. 내가 10대였을 때 어느 날은 엄마와 함께 마치 관광객처럼 베이징의 다른 지역으로 놀러간 적이 있다. 내가 베이징에 살고 있으면서도 말이다. 이것은 당신이 말하는 무한한 도시, 글로벌폴리스에서도 마찬가지일 것이다. 미래의 도시는 거대해지면서도 동시에 오늘날보다 더 작고, 더 다양한 지역 단위를 갖게 될 것이다. 글로벌폴리스는 작으면서도 동시에 거대한 도시이다.

많이 갖는 것이
행복의 열쇠는 아니다
_디에베도 프란시스 케레(건축가 겸 뮌헨 기술대학 교수)

Q 아프리카의 많은 도시들이 빠르게 성장하고 있다. 우리가 지속
가능성에 관해 논의하는 내용이 그곳에도 해당되는 것일까?

A 생태학적 발전 역시 시급하지만, 현재로써는 의사 결정권자들
에게 더 중요한 문제들이 있다. 아프리카의 인구가 빠르게 증가
하고 있는 만큼 거주 공간과 일거리가 필요하다는 문제이다. 그
런데 여기서 가장 큰 위험 요소는 이런 문제를 해결하는 데 있
어 생태적인 부분, 지속 가능한 발전과 관련된 부분이 충분히
고려되지 않는다는 점이다. 지속 가능한 계획을 세우려면 미래
에 대한 의미 있는 예측이 가능해야 한다. 그러나 아프리카에서
는 많은 일들이 무계획적으로 발생한다. 현재 아프리카에는 그
누구도 통제할 수 없을 정도로 많은 자생적 주거지가 있고 행정

1965년 부르키나파소에서 태어난 그는 건축가이자 뮌헨 기술 대학의 교수이다. 베를린에서 그는 '케레 건축Kéré Architectures'이 라는 건축 사무소를 운영하고 있다.

기관은 무방비 상태다. 굳이 말하자면 굶주림이 해소되어야 비로소 삶의 질을 생각할 수 있게 된다. 이는 모든 문화에 공통된 것이다. 아프리카의 의사 결정권자들은 이러한 생존과 직결된 문제들을 해결하기 위해 분투하고 있다. 이 때문에 미래에 대한 전망은 꿈도 꿀 수 없다. 그러므로 아쉽게도 지속 가능하고 에너지를 절감할 수 있는 자원에 대한 개발은 적어도 현재까지는 요원하다.

Q 이에 대해 관여하는 것은 부유한 서구 국가들의 일이 아닐까?

A 계획 능력과 경제적 자원을 가진 서구 국가가 이들을 도울 수 있다고 생각한다. 그러나 그것이 새로운 형태의 식민주의가 되어서는 안 된다. 당신이 그린 글로벌폴리스의 그림에는 국가가 더 이상 존재하지 않을 것이라고 가정한다. 이것은 너무 도발적인 예측이다. 현재로써는 국가를 해체하기보다는 상호의존적 모델로 바라보아야 한다. 지금까지 서양의 모든 것은 아프리카인들에게 매력적으로 받아들여졌다. 서구 미디어와 서구 경제, 서구 문화가 이곳을 지배해왔다. 서양은 사실상 모든 것을 조종하고 있다. 하지만 서구 사회는 아프리카를 병든 지역으로 보는 관점을 그만두어야 한다. 오히려 아프리카의 잠재력을 인정

하고 지지해야 한다. 온정주의적 시각 대신 정직하고 진지한 협력이 필요한 시점이다. 지금까지 서구 사회는 이러한 협력의 기회를 모두 놓친 반면 중국은 지금 아프리카에서 새로운 구조를 만들어내고 있다. 하지만 중국을 경쟁 국가로 보는 서구 세계는 중국을 새로운 식민주의 제국으로 비판하는 것 말고는 다른 대안을 제시하지 못하고 있다. 그러므로 아프리카를 자원을 획득할 수 있는 지역으로만 보지 말고 동등한 파트너로 이해하며 그곳에 지속 가능한 사회를 만드는 데 협력해야 한다.

아프리카는 자체적인 제조업이 필요하다. 그렇지 않으면 아프리카 사람들은 유럽으로 몰려갈 수밖에 없다. 이러한 이주는 아프리카뿐만 아니라 유럽의 상황도 악화시킨다. 유럽 내의 포퓰리즘을 조장하기 때문이다. 서구 사회는 자신들의 이익을 위해서라도 움직여야 한다. 아프리카를 돕지 않는다면 서구 사회를 상징하는 인본주의의 기반을 잃게 될지도 모른다.

Q 건축가와 도시 개발자는 어떻게 긍정적인 변화에 기여할 수 있을까?

A 도시민들이 자유롭게 이동하는 환경을 바탕으로 새로운 도시 모델을 고안하고 빈민촌과 고립이 발생하지 않도록 애써야 한

다. 그러려면 여러 계층이 서로 만나야 하는데 그것이 어떻게 가능할 수 있을까? 나는 건축가로서 다양한 사회 계층을 통합할 수 있는 주거 모델을 생각하고 있다. 가령 난민 주택을 짓는 대신 새로운 형태의 다기능 주거지를 만드는 것이다. 다른 사고 방식과 문화에 개방적인 젊은 사람들을 위한 학생용 아파트나 싱글 혹은 노년층들이 "그렇지, 그쪽으로 이사하면서 나도 새로운 삶의 관점과 활력을 얻어서 누구보다 앞서가는 사람이 되고 싶다네."라고 말할 수 있는 공간을 만드는 것이다. 아니면 개방적인 교육 기관을 만드는 노력도 할 수 있다. 기능적으로 제한되고 전문화된 교육용 건물들을 짓는 대신 다양한 관심사를 가진 광범위한 계층을 모으는 건축을 위해 노력하는 것이다.

Q 누구나 자유롭게 이동할 수 있는 세계에 살고 있다고 상상한다면 아프리카뿐만 아니라 유럽도 변할 것이다. 세계가 하나로 연결된다면 유럽을 아프리카의 일부라고 생각할 수도 있지 않을까?

A 변화는 항상 처음에는 대처하기 어렵다. 유럽의 통계학적 인구 변화 예측을 보면 유럽이 아프리카나 다른 대륙에서 오는 이민 노동자에 계속해서 의존할 수밖에 없다는 것을 알 수 있다. 하

지만 이것은 지나치게 실용적인 관점에서 보는 것이다. 오히려 예술과 문화의 역할이 훨씬 더 중요해질 것이다. 아프리카가 서구 예술에 긍정적인 발전에 도움이 될 잠재력을 가지고 있다는 것을 인정하고 성찰해야 한다.

지난 수세기 동안 서양 관점의 예술이 전 세계를 지배해 왔다. 다른 문화들은 그저 들러리로 여겨질 뿐이었다. 그러나 이 광대한 대륙에 살고 있는 다양한 사람들의 창조력은 서구 사회의 시들어가는 창조성을 되살릴 자원이 될 것이다. 이를 통해 모든 문화들이 서로에게 영향을 주고받으며 이로움을 얻을 수 있다. 새로운 잠재력은 창조, 예술, 건축, 어디에서나 얻을 수 있다. 이제는 새로운 형태의 열정이 아프리카에서 유럽으로 건너갈 것이다. 현재 유럽을 비롯한 서구 사회는 열정을 잃어버렸다. 그 모든 것이 의무적으로 이행되고 있으며 모험 대신 안전함에 대한 추구가 지배적이다.

Q 아프리카가 어떻게 변화해야 하는가에 대한 이야기는 흔히 들을 수 있다. 그렇다면 서구 사회는 어떻게 변해야 할까?

A 서구 사회는 그동안 커다란 번영을 이루었다. 이러한 경험은 한번 익숙해지면 다시 되돌리기 어렵다. 반면에 아프리카에서는

얼마나 삶이 소박할 수 있는지를 경험할 수 있다. 유럽인들은 더 많이 갖는 것이 행복의 열쇠는 아니라는 사실을 아무것도 가진 것이 없으면서도 여전히 낙천적이고 긍정적으로 살아가는 사람들로부터 배울 수 있다. 또한 자신의 부를 포기함으로써 모두를 위해 더 나은 것들을 창조할 수 있다는 사실도 마음에 품을 수 있게 될 것이다.

도시가 유일한
삶의 방식은 아니다
_루이자 프라도 데 오마틴스(예술가 겸 사회운동가)

Q 글로벌폴리스가 하나의 문화에 의해 지배되는 것을 어떻게 막
을 수 있을까?

A 우선 도시만이 모든 사람들이 당연하게 꿈꾸는 이상이라는 생
각에서 벗어날 필요가 있다. 전 세계 또는 전 대륙을 포괄하는
도시에 대한 관념은 그와 관련된 기본적인 가정과는 분리해서
생각할 수 없다. 글로벌폴리스라는 미래 도시에 대한 개념의 기
본 바탕에는 앞으로 인구가 계속 늘어난다면 모든 인구가 도시
에서 살아야 한다는 생각이 깔려 있다. 그런데 이 가정은 거기
서 한 발자국 더 나아간다. 모든 사람들이 도시에 살아야 할 뿐
만 아니라 도시에서 살기를 원한다는 것이다. 하지만 많은 이들
은 그렇게 생각하지 않는다. 그것을 보편적인 관점이라고 여기

1985년 리우데자네이루 출신의 예술가이자 사회운동가인 그녀는 베를린에서 진행된 '탈식민주의 디자인' 운동과 '지붕 A Parede'의 창시자 중 한 명이다.

는 태도는 필연적으로 하나의 지배적인 문화와 연결된다.

그러나 우리는 매우 다른 방식으로 함께 살아가고 있다. 도시에 사는 사람도 있고, 시골에 사는 사람도 있으며 다양한 형태의 공동체가 공존한다. 도시 내에서도 서로 다른 형태의 공동체가 공존할 수 있으며 도시보다는 마을이나 작은 단위의 공동체에서 사는 것을 선호하는 문화도 존재한다. 사람들이 함께 살 수 있는 방법은 매우 다양하다. 그러므로 나는 하나의 거대 도시의 미래보다는 상호 연결된 공동체의 미래에 대해 이야기하고 싶다.

Q 도시가 미래의 공간적 조직 형태가 아니라면, 무엇이 가능하겠는가?

A 다시 말하지만, 나는 여러 기후 지역과 사람들 그리고 문화를 포괄하는 어떤 것에 대해 이야기하면서 통일된 조직의 형태를 말하는 것이 가능한지, 그것이 분별 있는 일인지 확신이 서지 않는다. 유럽의 삶의 방식은 남미의 삶의 방식과는 전혀 다를 수도 있다. 이 문제를 다룰 때는 어떤 형태의 보편주의에도 비판적인 태도를 보이는 것이 중요하다.

Q 우리의 필요와 가치관, 규범이 보편적이라는 서구 중심적 보편

주의는 다른 문화의 관심사를 억압하는 위험을 안고 있다. 어떻게 이 보편주의적 자기 이해를 벗어날 수 있을까?

A 우리가 시도해야 할 것은 자신의 입장에 대해 비판적인 질문을 계속해서 제기하는 것이다. 분명하고 자명하게 보이는 것이 때로 다른 누군가에게는 완전히 새롭고, 예상치 못한 도전과제일 수 있다는 사실을 항상 염두에 두어야 한다.

가령 퇴근길을 생각해보자. 개인적인 경험으로 보자면 세계의 어떤 곳, 예를 들어 리우데자네이루 같은 도시는 저녁에 혼자 집에 가는 길이 매우 위험하다. 사회적 불평등과 가난 그리고 여러 역사적 환경에서 비롯된 그 나라의 폭력적 배경 때문이다. 이에 비교해 볼 때 유럽에서의 귀갓길은 혼자라 하더라도 별로 무서울 것이 없다. 그렇지만 나의 경우 여자이기 때문에 여전히 조심스러운 부분이 있다. 유럽에서도 마찬가지로 나는 내 상황이나 다른 사람들이 나를 어떻게 인지하는지에 따라 발생하는 여러 가지 특정한 문제들을 마주친다.

이 세상에서 나와 다른 몸으로 움직이는 사람이 세상을 보는 방식은 나와는 완전히 다르다. 타인은 결코 나와 똑같은 문제를 안고 있지 않다. 내게는 내 몸과 내가 속한 세계에서 행동하는 방식에 따른 문제가 존재한다. 또한 나 역시 내 몸이라는 한계에 갇혀 있기 때문에 다른 사람들이 지고 있는 짐을 모두 알 수 없다. 여기서 무엇을 생각해볼 수 있는가? 낯설고, 익숙하지 않은 것을 굳이 들여다볼 필요는 없지만 타인이 그것에 대해 얘기할 때는 적어도 귀를 기울여야 한다는 것이다. 이것이 보편주의를 벗어날 수 있는 가장 좋은 시작점이다. 하지만 문제를 파악하는 것과 실제로 그 문제를 해결하기 위해 노력하는 것 사이에는 큰 차이가 있다는 것 역시 잊지 말아야 한다.

Q 오늘날의 브라질을 보라. 정치가 다른 방향으로 가고 있지 않은가?

A 현재 브라질의 수도인 브라질리아에는 원주민 대표들이 모여 있다. 그들은 정부청사 바로 근처에 있는 공공장소를 점거하고 생존에 영향을 미치는 여러 가지 사항을 요구해왔다. 보우소나루 Bolsonaro 브라질 대통령은 여러 차례에 걸쳐 원주민 보호 구역에 대한 기업의 개발을 허용하고자 한다는 것을 강조해왔다. 브라질의 우파 정권이자, 거의 파시스트에 가까운 새로운 정부가 저지른 첫 번째 행동 중 하나는 원주민 사회의 몇 안 되는 권리를 축소하는 것이었다. 이 때문에 원주민들이 자신들의 요구를 공개적으로 밝히기에 이른 것이다. 한편 원주민들 안에서도 서로 다

른 지역과 기후대에 속한 여러 부족들이 있다. 이들이 물론 공통된 목표와 유사한 욕구를 가지고 있다 하더라도 각 지역의 구체적인 상황에 따라 발생하는 개별적인 문제도 많다. 그러므로 소외된 집단에 대한 보호와 지원을 이야기할 때 우리가 외부인이라는 사실을 잊고 이들의 문제와 관심사를 다 알고 있다고 속단해서는 안 된다. 이는 다시 보편주의의 문제이기도 하다. 항상 그 문제로 돌아가게 된다.

Q 디자이너, 건축가, 도시 개발자들이 보편주의적 사고방식을 극복하는데 무엇을 할 수 있을까?

A 우선 반드시 바꾸어야 할 것은 교육 내용이다. 나는 브라질에서 교육을 받았지만 결국에는 브라질이나 남미 출신의 디자이너들보다는 유럽과 북미 출신 디자이너들에 대해 더 많이 알게 되었다. 그것은 디자인은 무엇인가에 대한 정의에서 시작된다. 지금까지의 디자인은 고학력 사회 계층과 밀접하게 연결되어 있다고 본다. 사실 디자인이라고 여겨지는 것과 그렇지 않은 것 사이의 구분은 누가 만드는가? 역사적으로도 디자인은 언제나 백인들의 영역에 속해 왔는데 나는 이에 대한 의문을 갖는 것이 중요하다고 생각한다.

6장

현실화된 미래 도시

미래형 도시 프로젝트 49

미래에 대한 상상은 늘 현재의 실현 가능성에서 출발한다. 그러므로 오늘날 우리가 가진 여러 문제에 매우 흥미롭고 획기적인 방식으로 대응한 프로젝트들은 실현 가능한 미래에 대한 설득력 있는 관점을 제시한다.

아마게르 자원센터 Amager Resource Center

코펜하겐에 있는 열병합 발전소로 도심에 있는 스키장으로 활용되기도 한다. 대부분 쓰레기와 관련된 모든 것은 우리 눈에 보이지 않는 곳으로 밀려난다. 누구도 집 주변에 쓰레기 소각장을 두는 것을 원하지 않으며 어떻게든 변두리 지역에 숨기기에 급급하기 때문이다. 게다가 일반적으로 쓰레기 소각장은 국제적으로

아마게르 자원센터(출처:a-r-c.dk)

유명한 스타 건축가들이 주로 다루는 건축물이라고 보기도 어렵다. 하지만 도시의 지속 가능한 발전을 주요 목표로 선언한 코펜하겐에서는 그렇지 않았다. 코펜하겐시는 공모전을 통해 세계에서 가장 잘 알려진 건축회사 중 하나인 비야케 잉엘스 그룹Bjarke Ingels Group·BIG에게 폐기물 소각장 신축 프로젝트를 맡겼다. 이곳의 특별한 점은 지역난방을 위한 전기 에너지가 폐기물에서 생산된다는 점뿐만 아니라 발전소 그 자체가 여름에는 등산을 하고, 겨울에는 스키를 즐길 수 있는 하나의 인공산이라는 점이다. 쓰레기를 우리의 눈과 머릿속에서 지우는 대신 관심의 중심에 두고 자원의 낭비

도시의 미래

아마게르 자원센터Amager Resource Center
(Copenhagen, Denmark)

와 에너지 생산, 그리고 에너지 재활용의 문제를 적극적으로 제기하는 것이다.

2017년에 신축된 이래로 이 폐기물 소각장은 획기적인 건축 형태 덕분에 코펜하겐의 미래를 상징하게 되었으며 건축 잡지나 여행 가이드 북, 라이프스타일 잡지에서 찬사를 보내는 세계 최초의 폐기물 소각장이 되었다.

안티빌라 Antivilla

건축가 아르노 브란들후버Arno Brandlhuber가 지은 건물의 이름이다. 그는 미완성의 미학을 유형화하고 폐허를 미래의 건축 형태로 선언한다. 2010년에서 2015년 사이에 그는 베를린 근교에 있는 동독 치하에 지어진 노후한 세탁 공장을 개조했다. 가장 눈에 띄는 특징은 창문 개구부로, 건물 전면부에 '깔끔하게' 삽입된 것이 아니라 공기식 드릴로 콘크리트를 파서 넣었다. 브란들후버는 건물 내부에도 오늘날 표준화된 많은 요소들을 해체했다. 불필요한 모든 벽과 구획이 제거되었고, 심지어 기본적인 단열재도 없애버렸다. 대신 두꺼운 커튼으로 실내 중앙에 열기가 머물게 했다.

완성되지 않은 임시적인 형태의 건축을 통해 브란들후버는 우리가 익숙한 것을 뒤로 하고 미래의 도시를 맞이할 준비를 해야 한다고 역설한다. 그리고 그의 안티빌라는 기존의 것들을 포기함으로써 새롭고, 숨 막힐 듯이 관능적인 요소들이 등장할 수 있다는 것을 증명한다.

빅 유The Big U

홍수나 태풍 등 기후 변화의 영향으로부터 맨해튼을 보호할 보호벽이다. 동시에 뉴욕 시민들이 쉴 수 있는 녹지 공간이기도 하다. 2012년 태풍 샌디가 모래땅으로 된 맨해튼을 강타한 이후 뉴욕 반도를 폭풍과 홍수로부터 보호할 방책이 절실하다는 것이 분명해졌다.

아마게르 자원센터를 디자인한 덴마크 건축가 비야케 잉엘스Bjarke Ingels가 속한 건축회사인 빅의 디자인은 이에 대한 새로운 해결

빅 유(출처:big.dk)

책을 제시한다. 맨해튼의 해안선을 따라 U자 모양의 일종의 보호 벽을 세우는 것이다. 외부의 영향으로부터 요새처럼 맨해튼을 지키는 성벽은 길이가 13킬로미터나 된다. 보호 기능을 갖춘 이 건축의 하이라이트는 보호벽이 말 그대로의 '벽'처럼 보이는 것이 아니라 공원으로서 누구에게나 열려 있는 공공 공간을 형성한다는 것이다. 녹지에는 정자와 놀이터, 스케이트장, 수영장 등이 있고 심지어 건물 일부가 바다 쪽으로 돌출된 해양 박물관도 있다. 그곳에서 방문객들은 해수면 아래를 볼 수 있다. 빅 유는 도시를 보호하는 것 뿐만 아니라 도시에 사는 시민들의 삶의 질에 초점을 맞춘 도시 계획 사례이다.

국경 도시|Border City

멕시코의 건축가 페르난도 로메로Fernando Romero가 계획하고 있는 도시 개념으로, 미국과 멕시코 국경에 맞닿아 있는 지역의 문제를 해결하기 위해 제시되었다. 이 도시는 국경으로부터 양방향으로 방사형과 육각형 도로 시스템으로 뻗어나갈 예정이며 멕시코 국경 근처의 걷잡을 수 없이 커지는 정착촌에 대한 해결책을 제시한다. 그곳에는 캐나다와 미국, 멕시코 간의 자유 무역 협정과 저임금의 이점을 기반으로 한 많은 제조업체들이 입지해 있다. 여기에서 건축가의 주된 임무는 시민들에게 촘촘히 구성된 이동 체계뿐

국경 도시(출처:fr-ee.org)

아니라 교육, 문화, 의료 서비스 등을 위한 공간을 제공하는 것이다. 이는 무엇보다도 국경 도시가 하나의 중심이 아닌, 여러 개의 동등한 도심지와 기능 축을 갖추고 있기 때문에 가능한 일이다. 이러한 클러스터는 서로 연결된다.

국경에 위치한다는 지리학적 이점은 중요성을 부여받게 된다. 이곳은 두 국가 간 경제특구로서 지역 발전의 동력이 될 국제 지역이 될 전망이다. 언젠가는 이 도시를 실현시키기 위해 로메로는 트럼프 정부의 정책 방향에도 불구하고 미국과 멕시코 투자자들과 함께 이 실험을 추진 중이다. 그는 향후 10년 동안 290제곱킬로미터에 이르는 국경 도시에 25만 명이 거주할 수 있도록 하는 계획을 세우고 있다.

보스코 베르티칼레^{Bosco Verticale}

밀라노에 있는 두 개의 고층 건물로 수직형 도시 숲이라고 볼 수 있다. 이 숲은 건축가 스테파노 보에리^{Stefano Boeri}가 2014년에 완성한 두 동의 아파트 외벽에 위치한다. 80미터와 110미터 높이에 이르는 건물의 테라스와 발코니는 900그루의 나무와 2,000여 가지가 넘는 식물들로 덮여 있다. 이 숲의 면적을 수평으로 환산하면 약 7.5헥타르에 이른다. 이 숲의 나무들은 최대 9미터 높이로

보스코 베르티칼레(출처 : stefanoboeriarchitetti.net)

도시의 미래

보스코 베르티칼레[Bosco Verticarle]
(Milano, Italy)

자랄 수 있으며, 다른 식물들과 함께 새들에게 먹이 공급원과 보금자리를 제공한다. 또한 이 두 건물은 소위 디딤돌 생태공간Stepping Stone Biotope을 형성한다. 여러 동물들에게 공원과 활엽수림 지역 같은 대규모 생태 공간 사이를 이어주는 역할을 하고 있다. 이 수직 숲은 미기후(微氣候, 지면에 접한 대기층의 기후)를 개선하고, 산소를 방출하고, 공기를 정화하며 도시의 소음을 완화하고, 열을 저장하며, 그늘을 제공한다. 보스코 베르티칼레는 다양한 건축상을 수상했으며 미래 도시 건축의 역할 모델이 되고 있다. 이러한 영향으로 점점 많은 도시에 녹지화된 고층건물이 생기고 있다.

브루클린 그레인지|Brooklyn Grange

뉴욕을 기반으로 건물의 옥상을 이용해 농업을 시도하는 기업이다. 미국의 대도시 뉴욕 한복판인 브루클린에서는 현재 옥상 녹화 사업을 하는 기업 중 가장 규모가 큰 브루클린 그레인지가 매년 20톤이 넘는 유기농 채소를 생산하고 있다. 여기에는 허브나 상추 같은 잎채소들을 비롯하여 재배 조건에 잘 맞는 채소들이 포함된다. 이곳의 식물들은 유기적 양봉의 원칙에 따라 도시의 지붕 아래에 집을 짓고 사는 30여 개의 벌 집단에 의해 수분(受粉)된다.

브루클린 그레인지는 상업적인 목적의 농업 이외에도 건강한 식생활이나 도시민을 위한 생태적 조언, 뉴욕시의 건강 교육 등

브루클린 그레인지(출처:greenroofs.com)

에 헌신하는 비영리단체들을 지원하는 일도 하고 있다. 브루클린 그레인지는 '공주들의 정원'과 같은 소규모 도시 정원 프로젝트나 상업적으로 성공을 거두면서도 높은 기술력을 자랑하는 '그로잉 언더그라운드'나 '테크노팜 게이한나' 같이 도시 지역에서 식량을 생산하려는 세계적인 흐름의 대표적인 예라고 볼 수 있다.

C40

기후 변화에 대항하여 공동의 투쟁을 해나가는 세계적인 도시 네트워크다. 2005년에 설립된 C40 네트워크에는 현재 96개 글로벌 대도시(암스테르담, 베를린, 서울, 베이징, 홍콩, 뉴욕, 로스앤젤레스 등)가

참여한다. 이들은 기후 변화에 따른 에너지나 건축, 교통과 산업 분야 등의 전략에 대해 논의하고 각 국가들에게 기후 협정을 이행할 것을 촉구한다. 도시는 세계 에너지의 약 75퍼센트를 소비하고, 이산화탄소 배출량의 약 80퍼센트를 배출하는 곳이기 때문에 이에 대한 특별한 책임이 있다. '시장 서약'과 마찬가지로 C40과 같은 운동 단체는 전 세계의 도시들이 다 함께 정치적인 도전에 나서도록 세계에 대한 전망을 제공한다.

청계천복원사업 CheongGyeCheon Restoration Project

노시 기반시설 정비 차원에서 복개했던 청계천을 다시 하천의 모습으로 복원한 프로젝트다. 이 프로젝트를 통해 서울은 도로 공간을 어떻게 자연이 되찾을 수 있는지를 보여주었다. 1961년, 서울 중심부에 있던 청계천은 도시 도로 건설 과정에서 복개되며 손상되었다가 2005년에 다시 하천이 복원되면서 일반 시민들의 접근이 가능해졌다. 하천 경관을 성공적으로 복원하는 데는 약 3,900억 원이 소요되었지만 눈에 띄게 긍정적인 효과를 불러왔다. 소음과 배기가스, 미세먼지 오염이 줄었고, 곤충과 물고기가 다시 찾아왔으며 하천 주변의 온도는 도시 다른 지역보다 몇 도가 낮아졌다. 서울은 이제 도심을 굽이쳐 흐르는 약 5.8킬로미터의 푸르른 심장을 갖게 되었다. 간단히 말해 도로가 녹지 공간이 되면 그 혜택은 도시 전체로 돌아온다.

서클 브릿지^{Cirkelbroen, Circle Bridge}

코펜하겐에 있는 자전거 이용자를 위한 다리로 새로운 랜드마크
이자 예술작품이다. 이 다리는 현존하는 가장 유명한 덴마크 예
술가라 할 수 있는 올라퍼 엘리아슨^{Ólafur Elíasson}이 디자인했다. 그는
이 다리를 디자인하는데 있어서 몇 가지의 특별한 아이디어를 고
안했다. 강을 가로지르는 직선의 최단 경로를 만드는 것이 아니
라 그 속에 몇 개의 원형의 판을 이어서 설치하였다. 언뜻 보기에

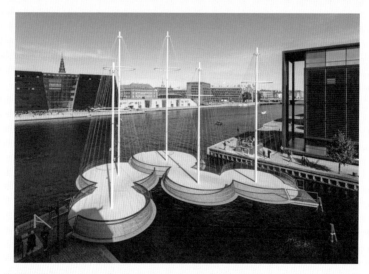

서클 브릿지(출처: olafureliasson.net)

는 특별한 기능을 하는 것 같지 않지만 이들 원형판은 다리에 머무를 수 있는 훌륭한 공간뿐만 아니라 멋진 경관을 제공한다. 또한 2009년에 설계한 이 다리는 탄소 중립 도시를 지향하는 코펜하겐시의 전략의 일환이기 때문에 더 큰 중요성을 갖는다. 자전거 이용자들이 많아질 수 있도록 자전거 도로를 더 많이 만드는 것도 필요하지만 긍정적인 이미지를 주기 위해 아름다운 경관을 창조해내는 것도 중요하다. 이동 문화에 변화를 주는 것은 기술적인 문제일 뿐만 아니라 하나의 문화적 도전이기 때문이다.

쿠쿨라CUCULA

베를린의 예술 프로젝트 및 사회적 기업으로, 이곳에서는 난민들이 디자인한 수준 높은 가구를 생산한다. 난민들은 기본적인 공예 기술을 배우며 자신들만의 재능을 발견하고 새로운 관점을 형성한다. 또 쿠쿨라는 출신 국가가 각기 다른 난민들의 문화교류를 위한 플랫폼 역할을 하기도 한다. 나아가 예술가들과 소비자 그리고 다른 참여자들과 함께 작업하면서 난민들은 자연스럽게 사회활동에 참여하게 된다.

전자 영주권e-Residency

에스토니아의 디지털 시민권이다. 이는 초국가적 영주권으로 에스토니아인들뿐만 아니라 전 세계인들에게 개방되어 있다. 에스토니아는 국가의 디지털화를 추진하고 있다. 가령 디지털 시민권인 전자 영주권을 통해 2015년부터 외국계 기업 창업자들이 에스토니아에서 사업을 시작할 수 있도록 했다. 이것은 이들 기업이 유럽 연합국인 에스토니아에서 사업을 시작해 다른 유럽 시장에도 접근할 수 있도록 해 준다.

에스토니아는 도시 디지털화의 선도국이기도 하다. 에스토니아 시민들은 이미 국가가 제공하는 600개 이상의 e-서비스를 이용할 수 있다. 디지털 신분증만 있으면 대중교통이나 주차권 등을 결제할 수 있고 의사의 처방을 받을 수 있으며 온라인 투표로 선거도 치를 수 있다. 이 모든 것이 2001년부터 블록체인 기반의 엑스 로드X-Road를 통해 가능해졌다. 이는 국가 기관과 시민 간의 데이터 교류를 체계화하는 분권형 디지털 시스템이다. 물론 전자 시민은 실제 시민이 누리는 모든 권리를 갖지는 못하지만 그럼에도 그 숫자는 꾸준히 증가하고 있다. 에스토니아는 최종적으로 1,000만 명에 달하는 디지털 시민을 목표하고 있다.

엘 캄포 데 세바다 El Campo de Cebada

마드리드에 위치한 같은 이름의 광장에 있는 활동 공간이다. 이곳은 도시 계획이 어떻게 '아래로부터' 가능한지를 보여준다. 기

존에 광장에 있던 스포츠 시설이 철거되었지만 건물을 새로 짓기
에는 시의 재정이 충분하지 않았다. 이 틈을 타 시민들이 이 지역
을 점령했다. 시민들은 간단한 수단을 통해 광장을 정원 가꾸기나
무용, 음악, 스포츠, 영화, 연극, 미술, 워크숍, 정치 행사 등 다양한
활동을 위한 공동 공간으로 탈바꿈시켰다. 2010년 이후 이 프로
젝트는 상향식 민주주의를 위한 수단으로써 가능한 많은 사람들
을 프로젝트에 참여하게끔 하는 목표를 가지고 있다. 이 목표에는
지역 행정 조직과의 협업도 포함되며, 이를 통해 이 프로젝트의
사업비가 조달되고 있다.

엑스포 2000 Expo 2000

2000년에 하노버에서 열렸던 세계박람회이다. 이 박람회에서 가
장 주목받았던 것은 네덜란드관으로 연 면적 1,024제곱미터에 총
8,000제곱미터의 조경물을 쌓아 올렸다. 건축가 그룹인 MVRDV
가 지은 이 건물은 높이 47미터로 다른 어느 나라의 전시관보다
높이 솟아 있다. 이 건물의 특수성은 부피에만 국한된 것이 아니
라 공간의 이용 방식에서도 볼 수 있다. 나무와 금속, 콘크리트로
이루어진 이 건물은 서로 다른 풍경을 마치 샌드위치처럼 쌓아 올
렸다. 튤립으로 만든 화단은 건물 아래쪽을 차지하고 있는데, 건
물에 설치된 커다란 빗물받이에서 나오는 물로 수분을 공급받는

엑스포 2000(출처:mvrdv.nl)

다. 건물 안에는 사구와 같은 경관도 볼 수 있고, 다양한 식물이 심겨진 넓은 수생구역도 있으며 20미터 높이의 3층에는 참나무로 세심하게 조성된 숲이 펼쳐진다. 8층짜리 이 건물은 외벽이 필요 없어 내부가 외부로 개방되어 있다. 이곳에서는 자연과 건축의 경계가 모호하다.

베를린 강변 수영장Flussbad Berlin

베를린으로 흘러드는 슈프레강을 정화해 수영할 수 있는 강으로 만드는 것을 목표로 하는 프로젝트다. 2000년에 건축가 그

엑스포 2000 네덜란드관Expo 2000 The Netherlands Pavilion
(Hanover, Germany)

도시의 미래

룹인 리얼리티스 유나이티드realities:united는 베를린의 박물관 섬 (Museumsinsel, 슈프레강에 위치한 박물관이 밀집한 섬)을 따라 도심의 역사적인 공간 사이로 흘러가는 운하를 다시 설계하고자 했다. 이를 위해 식물을 심어 하수구의 물을 정화하고, 계단이나 녹지 공간을 조성해 강둑을 시민들이 이용할 수 있도록 하는 것이다. 이들은 프로젝트를 통해 강변 수영 대회를 비롯하여 매년 수영 행사를 개최함으로써 시민들의 더 많은 지지와 관심을 이끌어내고자 한다. 또한 프로젝트의 타당성 조사와 식물을 이용한 자연 필터 기능을 실험 중이다. 아쉽게도 이 프로젝트는 아직 실현되지 못하고 있다. 이는 오늘날 도시들이 얼마나 자원을 무분별하게 사용하

베를린 강변 수영장(출처:flussbad-berlin.de)

도시의 미래

고 있는지를 보여주는 하나의 사례이기도 하다.

　사실 도시를 통과하는 강은 많지만 사람들이 수영할 수 있는
강은 드물다. 도시의 삶은 그 질적인 가치도 중요하지만 스포츠와
여가 활동에 이용할 수 있도록 수변 공간이 깨끗하게 관리되는 깃
도 그에 못지않게 중요하다.

플라이휠Flywheel

열차와 결합할 수 있는 작은 이동용 캡슐이자 그러한 개념을 말
한다. 플라이휠은 베를린 건축가 겸 도시 개발자 막스 슈비탈라Max
Schwitalla가 디자인한 것으로, 2014년 아우디 어반 퓨처 어워드에서

플라이휠(출처:studioschwitalla.com)

커다란 반향을 일으켰다. 이러한 캡슐 개념은 수년 동안 개발되어 왔다. 이 개념에 의하면 캡슐은 독립적으로 이동하거나 열차와 결합할 수도 있다. 이를 통해 개인 교통수단과 대중교통의 경계가 희미해질 가능성이 열렸다. 자동차 제조 기업들이 캡슐형 이동수단과 같은 기존 이동수단에 대한 대안을 진지하게 받아들여서 자체적으로도 노력을 기울이길 바란다.

펀 팰리스Fun Palace

1961년에 등장한 유연하고 끊임없이 변화시킬 수 있는 유희 공간을 위한 유토피아적인 디자인이다. 그것은 20세기의 건축 문화에 결정적인 영향을 끼친 영국 건축가 세드릭 프라이스Cedric Price가 설계했다. 비록 그의 디자인 중 펀 팰리스에 실현된 것은 그리 많지 않았지만 말이다. 펀 팰리스는 무대 감독인 조앤 리틀우드 Joan Littlewood와 협력한 결과였다. 펀 팰리스의 건축은 극장의 요구 조건에 따라 유연한 실내 설계가 가능하도록 한다. 끊임없이 외관과 용도를 바꿀 수 있는 문화적 장치인 것이다. 인간의 창조적 발전에 초점을 맞춘 펀 팰리스는 말 그대로 사람들에게 놀이 공간을 주려는 도시 유토피아이자 '뉴 바빌론'에 가깝다.

그로잉 언더그라운드 Growing Underground

런던의 옛 방공호를 활용한 도시 농장이다. LED 조명 아래에서 각종 채소와 새싹들이 자란다. 이 식물들은 지하 33미터 아래의 특별히 개발된 수경재배 시스템의 영양 용액 속에 흙 없이 뿌리를 내리고 있다. 이 식물들은 기존의 지상 재배 식물보다 70퍼센트나 적은 양의 물을 필요로 한다. 분홍빛 LED 조명이 태양빛을 모방하며 식물을 성장시킨다. 이처럼 진보적이고 지속 가능한 재배 방식을 전 세계에서 모방하고 있으며 다양한 후속 사업들이 진행되고 있다. 실내 농업은 날씨와 계절에 관계없이 이루어지기 때문에 기존의 계절과 수확 시기를 기준으로 삼을 필요가 없다. 또한 폐쇄된 시스템 속에서 재배되기 때문에 제초제나 살균제 혹은 살충제를 사용할 필요가 없다. 그 덕분에 도시 주변의 자연이 보호될 수 있을 것이다.

기본 건축과 거주자 Grundbau und Siedler, Foundation Works and Settlers

함부르크에 위치한 건축물로 주민 스스로가 지을 수 있도록 한 집이다. 이는 저소득 가구들이 주거 공간을 스스로 마련할 수 있도록 한 것이다. 쾰른의 건축회사인 벨Bel의 건축가 베른하르트Bernhardt 와 리저Leeser는 베를린의 '에코 하우스'와 마찬가지로 기본 골조와 천장, 그리고 내부 설비 같은 기본적인 건축 구조만 제공했다. 어

기본 건축과 거주자(출처:bel.cx)

떤 방을 화장실이나 부엌 혹은 침실로 사용할지는 미래의 거주자
들이 스스로 결정하도록 한 것이다. 또한 확장 공사에 미래의 거
주자가 직접 시공하면 비용을 줄일 수 있다. 건축가들은 이들을
위해 기술적으로, 미적으로 만족스러운 결과를 얻기 위한 매뉴얼
을 개발했다. 그 안에는 거주민들이 직접 할 수 있는 작업과 전문
가의 도움을 받는 게 나은 작업이 설명되어 있다. 이 프로젝트는
국제 건축 전시회의 일환으로 만들어졌다. 두 건축가들에게 있어
2013년 함부르크에 지어진 건축은 하나의 프로토타입일 뿐이다.

이들은 다른 도시에도 이와 같은 DIY 프로토타입 건물을 짓기를 희망하고 있다.

호호 HoHo

빈에 위치한 84미터 높이의 초고층 건물로 대부분 목조로 이루어져 있다. 'Holz Hoch Häus'의 약자로 '나무로 된 고층 건물'이란 뜻이다. 이 하이브리드 목재 건축의 중심부는 콘크리트로 되어 있지만, 24층에 이르는 건물 외관에 목재가 차지하는 비율은 75퍼센트에 이른다. 또한 총 면적이 2만 5,000제곱미터에인 내부에도

호호(출처: woschitzgroup.com)

목재가 주로 사용되었다. 예를 들어 내부 벽과 천장은 자연산 가문비나무로 구성되었다. 이 건축물은 왜 목재가 유망한 자연 건축 재료인지를 다시 한 번 보여준다. 목재는 가벼우며 탄력성과 안정성이 뛰어나고 또 실내 기후를 안정적으로 유지시킨다. 목재를 사용하면 철근과 콘크리트를 쓴 건물에 비해 건설 과정에서 이산화탄소 배출을 2,800톤 줄일 수 있다. 이는 빈 시민 약 400명이 1년 동안 배출하는 이산화탄소의 양과 맞먹는다. 또한 지속 가능하고 검증된 목재만 건축 자재로 사용했기 때문에 기후 변화에 유연하게 대응할 수 있다. 건축은 미래 세대를 위한 것이지 이들의 희생을 바탕으로 이루어져서는 안 된다.

하우스 오브 원House of One

이슬람교도, 유대인, 기독교인들이 한 지붕 아래서 기도할 수 있도록 한 종교 건축물이다. 다양성을 받아들이는 도시는 그 안에서 새로운 만남의 장소를 만든다. 이 건축물을 설계한 건축회사 쿠엔 말베치Kuehn Malvezi는 종교의 상징을 과시적으로 이용하는 욕망을 의식적으로 자제하려 한다. 그럼에도 불구하고 지지의 목소리 외에 이 사업에 대한 비판도 만만치 않고, 이 프로젝트가 과연 실현될 수 있을지, 실현된다면 어떤 형태로 가능할지 여전히 불투명하다. 하지만 이에 대한 토론을 통해서 우리는 현대 도시의 이질성을 능동적으로 받아들이려면 새로운 것에 마음을 열고 자신의 전통에 대해서도 되돌아볼 준비가 되어야 한다는 것을 깨닫게 된다. 하우스 오브 원의 디자인을 통해 우리는 건축이 이런 부분에 매우 구체적인 기여를 할 수 있다는 것을 볼 수 있다.

훔볼트 포럼 Humboldt Forum

베를린에서 진행된 대규모 박물관 프로젝트로 건축 과정 자체를 디자인에 포함시킨 사례이다. 베를린의 건축회사 쿠엔 말베치는 2008년 훔볼트 포럼 건축과 베를린 성 복원 작업을 위한 건축 공모에 참여했다. 이들은 성을 복구하면서 그 구조와 비율은 과거의 모습을 살리되, 세부적인 건물 형태를 원형과 똑같이 만드는 대신 벽돌 건물에 마감처리를 하지 않고 그대로 두는 디자인을 제시했다. 나중에 개별적으로 건물 전면을 장식함으로써 서서히 역사적인 외양을 갖출 수 있게 하려는 의도였다. 이들의 디자인은 공모 조건을 충족시키지 못했기 때문에 탈락되었다. 그럼에도 불구하고 이들의 디자인은 주목받을 만했다. 가장 흥미로운 부분은 이들이 건물 전면부를 완전히 색다르게 디자인한 것과 훔볼트 포럼 자체를 건설의 한 과정으로 이해한 점이다.

칼크브라이테Kalkbreite
(Zurich, Swiss)

도시의 미래

칼크브라이테(출처 : kalkbreite.net)

칼크브라이테 Kalkbreite

취리히의 공유 거주 공간 프로젝트다. 2014년에 230명이 살 수 있
는 저렴한 생활 공간을 만들기 위한 급진적인 주거 개념이 실현되
었다. 사람들의 생활 방식이 각각 다른 만큼 칼크브라이테에는 다
양한 종류의 주택 유형이 있다. 2인 혹은 소규모 가족을 위한 2~5
개의 방이 있는 주택 외에 17개의 방을 갖춘 주거 공동체용 주택
도 있다. 혼자 사는 사람들을 위해 공동 부엌을 중심으로 작은 원
룸들이 늘어서 있다. 넓은 주방에 요리사가 딸린 20여 가구가 살
수 있는 곳도 있다. 또 손님이나 보육 도우미, 아이들을 위한 놀이
방 등 필요에 따라 임시로 사용할 수 있는 보조 주택도 있다. 거기

에 빨래방이나 사우나, 작업장, 사무실, 회의실, 그리고 넓은 마당
과 같이 다양한 용도로 사용할 수 있는 수많은 공동 공간이 있다.

이 모든 형태를 저비용으로 실현하기 위해 개별 생활 공간을
최소화했다. 스위스의 평균 생활 공간은 1인당 45제곱미터지만
칼크브라이테는 32제곱미터 밖에 되지 않는다. 주민들은 주차공
간도 미리 정해져 있고 취리히 한복판에 산다면 차가 필요 없는
경우도 많다. 또 모든 거주자들의 거주 방식에 어느 정도 융통성
이 필요한데, 예를 들어 자녀가 독립을 하면 나머지 가족은 같은
건물 단지에 있는 더 작은 아파트로 이사해야 한다. 자녀가 생긴
다른 가정은 역으로 더 큰 아파트로 이사할 수 있다. 우리가 칼크
브라이테로부터 얻을 수 있는 교훈은 모두가 조금씩 공간을 양보
하면 결국에는 다 같이 더 많은 공간을 얻게 된다는 것이다!

시장 서약 Covenant of Mayors

2008년에 설립된 정치 단체이다. 유럽 연합의 에너지와 기후 목
표를 달성하기 위한 최초의 상향식 구성체이기도 하다. 대부분 이
탈리아, 스페인 및 기타 유럽 국가에 위치한 1억 7,000만 명의 인
구를 대표하는 7,000개가 넘는 지역 및 지방 정부들이 이 단체에
참여하고 있다. 아프리카나 아메리카, 아시아 대륙에 위치한 도시
의 시장(市長)들도 참여했는데 가령 모로코나 아르헨티나, 우크라

이나, 터키, 스위스, 대한민국 같은 나라의 도시들이 대표적이다.
57개국의 대표자들은 상향식 거버넌스(공동 목표를 달성하기 위해,
이해 당사자가 책임감을 가지고 투명하게 의사 결정을 할 수 있게 하는 제
반 장치)의 원칙에 따라 각 도시의 상황에 맞추어 행동 반경을 정
하고 실천한다. '연대 도시'와 같은 예를 통해 볼 수 있듯이 이 같
은 프로젝트의 엄청난 성공과 반향은 도시 간 협력이 미래의 성공
을 보장하는 방식임을 보여준다.

메타볼리즘Metabolism

자연의 물질 순환에 기초한 도시와 건축의 개념이다. 도시 계획과
건축의 맥락에서 그것은 두 가지 다른 역사적 뿌리를 가지고 있다.
하나는 최근의 친환경 도시 계획에서 사용되는 용어로 기후 변화
와 자원 부족이란 배경하에서 도시를 고유한 신진대사를 가진 유
기체로 이해하자고 제안한다. 이는 생물이 환경과 지속적으로 소
통할 뿐만 아니라 도시와 같은 구조임을 명확히 하기 위한 것이다.
도시를 하나의 신진대사체로 보는 것은 인공적 생태계를 총체적
인 시각으로 접근하도록 해준다. 이 생태계는 신진대사 주기로 설
명, 분석되고 최적화될 수 있다. 이와 같은 이해 방식은 지속 가능
한 자원 관리를 위한 토론에서 중요한 역할을 한다.
　메타볼리즘은 또한 건축사에서 등장한 용어로서 일본의 기술

유토피아적 건축 사조를 상징하기도 한다. 1960년대에 단게 겐조^{丹下健三, Kenzo Tange}를 비롯한 건축가들은 건축물을 나고 자라 죽기도 하는, 변화하는 유기체로 파악하였고 상호 호환과 확장을 통해 발전하는 모듈로 해석했다. 이 두 개념이 중첩된 지점은 글로벌폴리스 개념의 발전에 많은 자극이 된다.

메트로케이블^{Metrocable}

베네수엘라의 수도 카라카스에 있는 케이블카로 빈민가와 도심을 연결하여 주민들이 공공생활에 참여할 수 있도록 한다. 교통수단을 통해 각 지역 간 고도(高度) 차이를 보완해야 하는 대도시에

메트로케이블(출처: gondolaproject.com)

서는 케이블카가 적절한 교통수단이 되기도 한다. 이는 이동 시간을 줄이는 데 일조하고, 도로의 혼잡을 완화하며 이산화탄소 배출량을 줄인다. 그 특별한 예가 카라카스의 메트로케이블인데 이는 두 대의 곤돌라와 케이블카 한 대로 이루어져 있다(또 다른 케이블카를 계획 중이지만 현재는 정치 상황과 관련된 재정 문제로 인해 이 계획에 상당한 차질이 생기고 있다). 첫 번째 호선은 2010년부터 도심과 파르케 센트럴Parque Central의 지하철망을 연결해 도시 외곽 산악지역에 무허가로 생겨난 정착촌인 파벨라 산 아구스틴Favela San Agustín을 연결하고 있다. 이번 조치는 도시 싱크탱크의 전문가들이 문제 소지

MFO-공원(출처:zuerich.com)

가 있는 지역을 도시와 연결하여 주민들이 쇼핑센터나 도서관, 공원, 경찰서, 극장 등을 이용할 수 있도록 하는 사회 개혁 차원에서 제안한 것이다.

MFO-공원MFO-Park

취리히에 위치한 3차원 공원이다. 이 프로젝트는 기존의 수평적 형태를 벗어난 수직형 공원의 가능성을 보여주었다. 2002년 문을 연 MFO-공원의 기본 구조는 길이 100미터, 폭 35미터, 높이 17미터의 철골 구조로 계단과 다리가 교차해 있다. 이 구조물을 따라 심은 식물들로 인해 여름철에는 철골 구조가 풍성한 식물 속으로 덮인다. 식물들은 매달려 있는 격자구조물이나 화분, 철골 구조물 등에서 자라고 있다. 겨울에는 철골 구조물로 인해 건축적, 조소적 요소가 더욱 더 강조되는 효과가 있다. 또 감각적인 조명은 공원의 건축물을 밤에 더욱 멋지게 보이도록 한다. 미래 도시의 녹지 공간은 더는 전통적 관점을 기반으로 하지 않고도 독자적인 도시 형태로써 개발할 수 있다는 것을 MFO-공원을 통해 보여주고 있다.

모리야마 하우스森山邸, Moriyama House

도쿄에 위치한 단독 주택이다. 일본의 전통적인 고밀도 생활 개념

모리야마 하우스(출처: ryuenishizawa.com)

이 어떻게 현재에서 되살아날 수 있는지를 보여준다. 공동체와 사회적 공존이라는 개념은 일본 사회에서 중요한 역할을 한다. 현대적 이동수단과 도시 계획이 사람들의 교류를 장려하기보다는 가로막는 역할을 하기 전까지 거리는 도시인들을 위한 흔한 거주 공간이기도 했다. 2005년 완공된 모리야마 하우스는 일본 건축가 니시자와 류西沢立衛. Ryue Nishizawa가 10개의 큐브를 쌓거나 배치하여 만든 집이다. 이곳에는 16~30제곱미터 크기의 리빙 박스와 공유 주방, 수도를 사용할 수 있는 공간, 수납공간도 있다. 개별 큐브는 외부 경로를 통해 진입할 수 있어 골목과 테라스, 발코니, 작은 정원과 같은 그동안 주민들이 잃어버리고 살았던 바깥 공간을 이들에

도시의 미래

게 되돌려주는 놀라운 효과를 창조해낸다. 주인과 6명의 세입자가 나눠 쓰는 집 전체는 작은 마을과도 같다. 외부 공간은 만남과 공동체의 공간이다. 건축은 사람들이 건물 내부로 숨기보다는 이웃과 함께하도록 동기를 부여한다. 도시는 결국 공동체를 의미하고, 공동체를 향한 삶이 더 나은 삶의 질을 보장할 수 있기 때문이다. 이는 다른 인구 밀집 도시에도 적용될 수 있는 원리이다.

마이코폴리탄Mycopolitan

필라델피아의 버섯 재배 기업으로 지하 농장에서 판지와 나무 위에서 버섯을 재배한다. 버섯은 비교적 재배가 쉬운 작물로 도시 농업에 이상적이다. 습도와 빛 조건만 맞추어주면 (특히 필라델피아에서는 너무 덥지 않은 9월부터 5월 사이에) 미리 곰팡이 포자를 넣어 놓은, 관리하기 편리하도록 설치해 놓은 재료 위에서 버섯이 빠르게 싹을 틔운다. 버섯의 종류에 따라 버섯이 자랄 수 있는 재료는 판지나 짚, 나무 조각이나 기둥 등을 사용하고 이후에는 퇴비로 쓸 수 있어야 한다.

이 농장은 자체 실험실과 살균 및 포장 시설을 갖추고 있다. 지금까지는 식당이나 개인 고객들과 같이 한정된 곳에만 버섯을 판매해왔다. 앞으로는 버섯에 기반을 둔 의약품을 활용 범위에 추가하려고 계획 중이다. 마이코폴리탄 농장은 '브루클린 그레인지',

뉴 바빌론New Babylon
(By CONSTANT)

도시의 미래

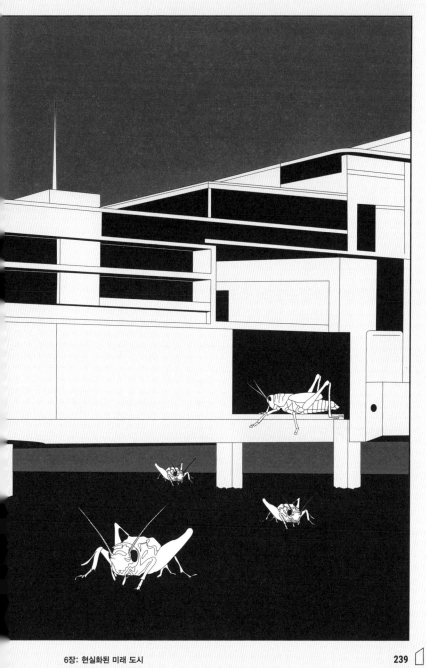

'그로잉 언더그라운드' 혹은 '테크노팜 게이한나'와 마찬가지로 낭만적인 목장의 이미지를 포기한다면 의외의 곳에서 거대 규모의 농업이 가능하다는 것을 보여준다.

뉴 바빌론 New Babylon

창의력 넘치는 사람들을 위한 도시의 유토피아, 창조적 발전의 장이다. 뉴 바빌론은 네덜란드의 예술가 콘스탄트 니위벤허이스 Constant Nieuwenhuys에 의해 발명되었는데, 이 예술가는 대개 '콘스탄트'라는 이름으로 잘 알려져 있다. 1956년부터 1974년까지 그는 제2차 세계대전 이후 자동화 물결에 대한 자신만의 철학이 담긴 도시 비전을 만들어왔다. 만약 사람들이 노동의 부담에서 벗어난다면 이와 같은 도시 디자인은 사람들의 창조성이 꽃피울 수 있도록 탄탄하게 뒷받침해줄 것이다. 그 속에서 사람들은 호모 루덴스 Homo Ludens, 즉 유희하는 인간으로서 자신의 가능성을 완벽하게 실현할 수 있을 것이다.

콘스탄트는 유희하는 인간의 요구 조건에 따라 끊임없이 변화하는 공간, 역동적이며 움직임이 가능한 도시인 뉴 바빌론을 설계했다. 그것의 형태는 어떤 한계도 없이 모든 방향으로 유동적으로 움직일 수 있어야 한다. 콘스탄트의 디자인이 의도적으로 모호함에도 불구하고 그 안에는 여전히 도시 계획과 건축에 관련된 요소

에코 하우스 Eco-House
(Berlin, Germany)

들이 많이 내포되어 있다. 예를 들어 그는 하향식이 아닌, 도시 거주자들의 활동을 통해 환경이 형성되도록 조직의 형태를 개발했다. 이 유토피아에서 환경은 모든 가능성을 즐겁게 열어놓는 역할을 한다.

에코 하우스Eco-House

건축가 프라이 오토Frei Otto가 1987년 베를린에서 열린 국제 건축 전시회를 위해 설계한 다층 철근콘크리트 구조물을 말한다. 이 건축물의 특징은 이 기본 형태만 갖춘 건물의 거주민들이 각자의 생각대로 집을 지을 수 있다는 것이다. 오토는 약 50미터의 높이에 총 8개의 복층 주택을 수용할 수 있는 일종의 나무집을 구상했다.

　베를린의 18명의 건축주가 티어가르텐Tiergarten 지역에 이 설계를 바탕으로 26개의 복층 주택을 지었다. 하지만 주민들이 건축가의 의도에 따라 모든 것을 이행한 것은 아니었다. 예를 들어 식물로 덮인 테라스와 발코니 대신, 겨울 정원과 유리로 된 구조물들이 건물의 가장자리까지 배치되었다. 생태 건축에 초점을 맞춘 건축 계획도 즉흥적이고 때로는 혼란스러운 건축 과정으로 인해 수포로 돌아갔다. 그럼에도 불구하고 이 집들은 미래 건축에 대한 이해를 보여주는 독특한 예로서 설계자가 마지막 결정을 하는 것이 아닌, 주민들이 자신들의 개인적인 선호와 필요에 따라 건물을

조금씩 바꾸어가는 방식으로 미래 도시에 걸맞는 미완성의 미학
을 구현해낸다.

원 센트럴 파크 One Central Park

시드니에 있는 복합 주거 단지이다. 식물로 덮인 두 개의 타워는

원 센트럴 파크(출처:jeannouvel.com)

도시의 탄소 발자국(개인 또는 단체가 직간접적으로 발생시키는 온실 기체의 총량)을 감소시키는데 도움을 주기 위한 것이다. 이 건물의 정면은 3만 6,000여 개의 식물이 덮고 있다. 식물은 오염 물질을 정화시키고 공기를 걸러내기도 하지만 더운 여름철에는 에어컨 시스템을 사용하는 것에 비해 에너지를 30퍼센트까지 절약할 수 있도록 건물에 그늘을 드리워준다. 식물에 사용되는 물은 가정에서 생산되는 재활용수로 공급되며 관개 후 남은 물은 증발하여 건물에 냉각 효과를 극대화한다. 그러나 이곳의 하이라이트는 두 타워 사이에 부착된 거대한 거울 건축물인 '헬리오스탯(햇빛을 반사경으로 반사하여 일정한 방향으로 보내는 광학적 장치)'이다. 헬리오스탯은

파리 플라주(출처:paris.fr)

건물 하층에 설치되어 태양을 반사하는 320개의 반사체로 구성
되어 있다. 원 센트럴 파크는 프랑스 건축가 장 누벨Jean Nouvel이 설
계했고, 건물 전면에 정교하게 식물들을 심어 배치하는 작업은 식
물학자 패트릭 블랑Patrick Blanc이 맡았다.

파리 플라주Paris Plage

매년 여름 파리의 센 강둑을 도시 해변으로 바꾸는 활동이다.
2002년 이후 7, 8월 휴가철에는 강변 도로 구간이 폐쇄되고 그 안
이 모래로 채워진다. 배구장과 스프링클러가 설치되고, 문화 행사
부터 노 젓기, 보행길 등 다양한 코스들이 임시로 조성된 이 해변
을 훨씬 더 매력적으로 만든다. 이로 인해 모든 도시 거주자들이
여유롭고 냄새나지 않는 강변이라는 도시 공간에서 편안하게 여
가를 즐길 수 있게 되었다.

파킹 데이PARK(ing) Day

연례 캠페인 행사로 사람들이 주차공간을 점유하고 창의적인 목
적으로 사용하는 날이다. 2005년부터 매년 9월 셋째 주 금요일에
전 세계의 도시 환경 운동가, 예술가, 디자이너, 유치원, 학교 관
계자, 기타 도시 거주자들이 주차공간을 점유한다. 이것은 기존과
완전히 다른 방식으로 도시 공간을 이용하는 방법을 표현하기 위

한 것이다. 단 하루 동안 도쿄 외곽 지역이 카페로 변모하거나 시
드니 시내 중심가에 임시 정원이 생겨나기도 하며 바로셀로나의
예술가 거리가 술집이 되기도 한다. 2009년 타임스퀘어가 일시적
으로 차량 금지 조치를 취한 적이 있는데 그때 이 조치가 열광적
인 반응을 얻은 덕분에 타임 스퀘어는 현재 차량 금지 구역이 되
었다. 빈 주차장에서 이루어지는 모든 독창적인 여가 활동 외에도
예술가들은 다른 이슈에 주목한다. 도시의 너무 많은 공간이 멈추
어 있는 차량에 의해 점령되어 있다는 사실이다.

팔랑스테르Phalanstère

초기 사회주의적 유토피아 공동체이다. 19세기 초, 샤를 푸리에
Charles Fourier가 제안한 사상에 기초하여 여러 가지 정착지 모델이 등
장했다. 이러한 공동체 프로젝트는 비록 실패로 돌아갈 수도 있지
만 사회 변화의 시기에 함께 살아가는 공동체를 위한 아이디어가
생겨나고 실험될 수 있다는 것을 보여준다. 여기서 사람들은 함께
살고 일하며 사랑하는 삶을 꾸려간다. 오늘날의 관점에서 보더라
도 푸리에의 삶에 대한 이해를 바탕으로 한, 베르사유 궁전을 본
딴 유토피아의 실현 공간은 창조적 상상력이 넘쳐난다.

플란부데|*PlanBude*

지역 주민들을 도시 계획 과정에 더 많이 참여시키기 위해 분투하는 함부르크의 예술가 및 활동가 단체다. 플랜부데는 2014년부터 함부르크 에소 하우스^{Esso-House}의 신개발을 위한 시민 참여 과정을 설계하고 있다. 그들은 창의적인 참여 형태가 어떻게 지역 민주주의를 가능하게 하는지 보여준다. 이들의 접근 방식이 특별한 점은 법적으로 시민 참여가 필요한 시점 훨씬 전부터 시민들이 도시 계획 과정에 참여해 신축 건물을 어떻게 이용할 지에 대한 그들의 소망을 창의적으로 발전시켰다는 것이다. 이를 위해 플란부데는 건축 계획 부지에 컨테이너를 설치하여 학교와 유치원을 위한 워크숍을 열거나, 도시 산책가들을 모아 저녁에 동네 공원이나 식당 등을 돌며 평소에는 공동체 문제에 참여하기 어려운 사람들의 목소리를 적극적으로 수렴했다. 이렇게 수집한 사항들을 바탕으로 다양한 건축가들이 디자인 작업을 시작했다. 또 장기적인 사회적 주택의 보장과 같은 매우 가시적인 문제도 다루었다. 이러한 참여 절차에 함부르크시가 자금을 조달하고, 투자자가 부담한 것도 입지적 특수성 때문이다. 에소 하우스는 상 파울리^{St. Pauli}에 위치해 있는데, 시와 투자자는 그곳에서 매우 적극적으로 활동하고 있는 정치 세력과 갈등을 일으키지 않으려 신중한 접근을 했기 때문이다. 상 파울리에서 진행되는 이 같은 혁신적인 참여 프로젝트가 성공적으로 이뤄져 굳이 거리를 점유하는 일 없이 다른 공간에서도 시민들의 참여 활동이 활발히 이루어졌으면 하는 바람이다.

공주들의 정원 Princessinnengérten, The Princess Gardens

베를린 크로이츠베르크 지역에 있는 도시 정원 가꾸기 프로젝트로 오래된 유휴지를 주민들이 공동으로 관리하는 곳이다. 2009년부터 싱그러운 아카시아 숲 한가운데에 카페와 공방, 도서관이 자리한 감각적인 공간이 조성됐다. 이곳에서 비트를 기르거나 양봉을 치고 지렁이를 키우는 것 외에도 자전거를 만들고 도시 정책에 대해 지식을 공유하거나 토론을 하는 일도 흔히 볼 수 있다. 이 정원은 베를린 도시 마케팅의 상징이 되었고 전 세계의 유사한 프로젝트를 위한 모델이 되었다.

킨타 몬로이 Quinta Monroy

칠레의 이키케에 있는 실험적인 주거지로 건축가 알레한드로 아라베나 Alejandro Aravena 와 그의 건축 사무소는 주민들이 직접 집을 이어받아 지을 수 있도록 건축물을 설계했다. 이 사회 건설 프로그램의 핵심은 집을 절반만 짓는 것이다. 이것은 저소득층 주민들이 지속적으로 자신들의 필요에 맞게 집을 만들어 갈 수 있는 놀랍고 촘촘함 구조를 제공했다. 주민들은 스스로에게 무엇이 필요한지 잘 알

킨타 몬로이(출처:alejandroaravena.com)

고 있기 때문이다. 2004년에 건설된 이 주택 단지의 모든 틈새는 이제 거의 채워졌는데 때로는 생활 공간이, 때로는 작업장이나 가게가 생겨났다. 이러한 주거 개념은 한정된 자금으로 적응형 주택을 운영하고자 하는 신흥 도시들에게 특히 흥미로운 것이다. 건축가 프라이 오토가 설계한 베를린의 '에코 하우스'나 건축회사 벨이 함부르크에 건설한 '기본 건축과 거주자'와 같은 프로젝트와는 대조적으로, 이 같은 실험적인 설계는 건축가로 하여금 도시와 건축의 기본 구조와 개인적 표현이나 요구 사항 사이에서 완벽하게 균형점을 찾을 수 있도록 도움을 주었다. 아라베나가 2016년에 건축계의 노벨상 격인 프리츠커상을 받은 것은 우연이 아니었다.

킨타 몬로이 Quinta Monroy
(Iquique, Chile)

도시의 미래

R-어번 R-Urban

파리 근교에 위치한 자치 공동체로 순환 경제 개념을 건설 산업에 도입하려고 시도한다. 이를 위해 건물을 철거할 때 나중에 다른 사업에서 재활용할 수 있도록 폐기된 건축 자재를 모아둔다. 도시 재생을 위한 자치 단체인 아틀리에 다시텍트 오토제헤Atelier d'architecture autogérée, AAA에 의해 2012년 파리 교외의 콜롱브Colombes에서 설립되었다. R-어번은 '도시 농업'과 '재활용 연구소' 및 '친환경 주택 건설'이라는 3개 시설로 구성되어 있다. 지역 당국, 단체, 주민이 함께 생산과 소비, 재활용의 생태 주기 확립이라는 목표를 추구한다. 또한 '요람에서 요람까지(Cradle-to-Cradle, 모든 물질은 생물학적 순환을 통해 다시 자연으로 돌아가야 한다는 디자인 접근 방식)'라는 개념을 협동과 자체 조직화와 결합시켰다. R-어번의 활동의 일환으로 조성된 시설로는 주민들을 위한 정원, 퇴비 및 재활용 공장, 작업장, 전기와 폐수 처리용 공장, 칠일장, 카페, 재활용 자재 창고 등이 있다.

회복탄력 도시 Resilient city

도시에 가해지는 내적, 외적 영향에 탄력적으로 대응할 수 있는 도시를 말한다. 회복탄력 도시 이론에 따르면 도시의 기술 및 사회 기반 구조는 외부 영향으로부터 긴밀하게 보호되어야 할 뿐만 아니라 유연하게 대응해야 한다. 한 가지 예로 기후 변화에 대한 복원력을 들 수 있다. 도시 공간은 폭풍과 기후 변화에도 꿋꿋하게 견딜 수 있어야 한다. 하지만 이 복원력은 단지 자연재해에 대한 복원력에 국한된 것이 아니라 정치적, 문화적, 사회적 적응력을 지칭할 수도 있다.

록 프린트 파빌리온Rock Print Pavilion

돌무더기와 부서진 암석, 밧줄로 만든 로봇 설치물이다. 취리히 연방 공과대학교ETH 교수인 건축가 파비오 그라마치오Fabio Gramazio와 마티아스 콜러Matthias Kohler는 오랫동안 건축 분야에서의 자동화와 로봇

록 프린트 파빌리온(출처:ethz.ch)

의 가능성에 대해 숙고해 왔다. 이 독창적인 설치물은 건축의 미래를 보여주는데 로봇들이 쓸모없는 콘크리트 건축물의 잔해로부터 새로운 건축물을 창조하는 것이다. 옛것을 완전히 새로운 것으로 재활용하는 공간으로서 도시는 미래를 위한 채석장으로 거듭날 수 있다. 그리고 어쩌면 앞으로 도시의 미학을 정의하는 것은 더 이상 인간이 아닌 인공지능과 로봇이 될 수도 있다.

서울로7017 Seoullo7017

서울역 고가를 공원화한 도시 재생 프로젝트이었다. 2017년 서울에서 이루어진 이 재정비 작업은 고가 도로와 인접한 지역들

서울로7017(출처:mvrdv.nl)

도시의 미래

이 점점 더 낙후되어 가는 것에 대한 도시 개발 사업의 일환이었다. 1970년대에 이루어진 도로 확장은 원활한 교통 흐름을 만들어내기는커녕 오히려 더 큰 혼잡을 초래했다. 과거의 고가 철도 노선을 공원으로 탈바꿈한 뉴욕의 하이 라인^{High Line} 같은 성공적인 프로젝트에서 영감을 받은 이 프로젝트는 고가 도로에 2만 4,000여 개가 넘는 화분을 설치하고 228종이 넘는 식물 종을 심었다. 또 서울로7017 스카이가든에는 수많은 벤치가 놓여 있어 시민들에게 휴식 공간을 제공한다. 이 프로젝트를 이끈 건축회사인 MVRDV는 '엑스포 2000'에서 네덜란드관을 디자인하기도 했다. 서울로7017은 인간의 욕구가 도시 계획 속에서 어떻게 변화하는지 보여준다. 과거에는 사람들이 차를 위해서 가능한 도로를 더 많이 만들어내려 했다면 오늘날에는 도시에서의 행복한 삶을 위해 더 많이 걷고, 쉴 수 있는 공간을 개방하려고 하고 있다. 도시 패러다임의 변화는 항상 사회적 가치의 변화를 가리킨다.

연대 도시 Solidarity Cities

모든 사람이 환영 받는 도시를 말하며, 이곳에서는 어떤 사람도 불법 체류자가 아니다. 모든 사람들은 도시에서 살고 일할 권리가 있으며, 누구나 교육과 의료 인프라에 자유롭게 접근할 수 있다. 연대 도시에서는 거주자의 출신지, 종교, 사회적 지위가 도시 공간을 형성하고 정치적 행정력을 발휘하는 데 걸림돌이 돼서는 안 된다. 이 아이디어는 캐나다에서 시작되었다. 2013년 토론토 시 의회는 이 도시를 소위 '불법 체류자 보호도시Sanctury City'라고 선언했다. 시 당국은 경찰에 개인 검문 과정에서 그 사람의 거주 여부 확인을 중단하라고 지시했다. 연대 도시의 활동에는 도시 간 초국가적 협력사업, 연대 도시의 활동에는 구축을 위한 계획 설립 및 활동가 캠페인 등이 있다. 여러 나라의 시장들이 이미 정치적, 도덕적 의무를 다하기 위해 헌신하고 있다. 지금까지 취리히, 암스테르담, 스톡홀름, 피렌체, 아테네, 라이프치히, 류블랴나가 유럽 연대 도시 네트워크에 가입했으며, 2019년에는 베를린도 가입했다.

에디트 마리온 재단Edith Maryon Foundation

투기를 통해 축적된 재산을 장기적으로는 사회적으로 용인할 수 있는 방식으로 사용되도록 하는 재단이다. 스위스와 독일을 중심으로 이미 100개 이상의 프로젝트가 추진되었다. 이 재단은 1990년 스위스에서 설립되었으며 인지학의 창시자인 루돌프 슈타이너Rudolf Steiner의 동료이자 100여 년 전 사회 주택에 헌신했던 에디트 마리온Edith Maryon의 이름을 따서 지어졌다. 재단이 매입한 부지를 임대를 통해 제공하는 것이 이 프로젝트의 핵심이다. 여기서 부동산의 재판매는 고려되지 않는다.

슈퍼트리 | Supertree

강철과 콘크리트로 만들어진 다기능 인공 나무로, 이 나무 덕분에 도시 공기가 깨끗하게 정화된다. 2012년에 조성된 '해변가의 정원Gardens by the Bay'은 싱가포르 항구 지역에 위치해 있으며 공원 그 이상의 의미를 가진다. 다양한 기후대에서 자라는 여러 종류의 식물들 외에도 지금까지 보지 못했던 완전히 새로운 유형의 나무도 있는데 다양한 기능을 하는 '슈퍼트리'가 바로 그것이다. 강철과 콘크리트로 만든 이 인공 나무들은 높이가 25미터에서 50미터에 달한다. 이 나무는 식물로 덮여 있으며, 빗물을 저장하거나 온실의 환기 통로 역할도 하며, 태양 전지를 통해 전기를 발생시키고 전망대로도 사용된다. 슈퍼트리는 생산적 녹지 공간이라는 완전히

슈퍼트리(출처:gardensbythebay.com.sg)

슈퍼트리Super tree
(Singapore)

도시의 미래

테크노팜 게이한나(출처:technofarm.com)

새로운 미학을 보여주는데 바로 자연과 기술이 융합된 결과물이라는 것이다.

테크노팜 게이한나Techno Farm Keihanna

일본 기즈가와시의 간사이 과학도시에 위치한 세계 최대 규모의 자동화된 실내 농장이다. 여기서는 노동의 많은 부분이 로봇에게 인계된다. 2011년 원전사고 때문이 아니더라도 일본에서는 도시민들에게 신선하고 건강한 채소를 공급해주는 실내 농장에 대한 관심이 꾸준히 높아지고 있다. 거대 실내 농장은 또한 자원 효율적이고 지속 가능하다. 98퍼센트의 물을 재활용하기 때문에 상추 한 포기를 수확하는데 사용되는 물은 110밀리리터에 불과하다.

불과 몇 년 전만 해도 수직 농업에서 같은 양의 상추를 재배하는데 한 포기당 830밀리리터의 물이 필요했다. 또 무균 환경이기 때문에 살충제를 사용할 필요가 없고 오염 물질도 없다. 매일 2,400여 군데의 슈퍼마켓에 상추 3만여 포기를 공급하는데 교토 인근에 위치한 이 첨단 농업 공장에서 일하는 사람은 25명에 불과하고 모종을 솎아 옮기거나 수확한 뒤 포장하는 일들은 모두 로봇들이 한다.

스파크 Spark

거주지 개념의 하나로 중앙에 위치한 데이터 센터의 폐열을 이용해 주거용 건물을 난방 하는 시스템이다. 노르웨이 건축회사인 스노헤타Snøhetta의 이러한 설계는 전 세계적으로 증가하는 에너지 소비량에 대한 여러 연구 결과에 기초하고 있다. 연구 결과에 따르면 현재 건물에서 소비되는 에너지 사용량은 전체의 40퍼센트에 달하며, 이중 데이터 센터에서 소비되는 에너지의 양은 2퍼센트를 차지한다. 후자의 수요는 지속적으로 증가할 전망이다.

대규모 데이터 농장은 지금까지 거의 사용되지 않았던 자원인 폐열을 생산한다. 뜨거운 물로 변환된 폐열은 수영장이나 공공 건물 또는 주거용 건물과 같은 주변 건물들에 에너지를 공급하는 데 사용될 수 있다. 열을 사용한 후 냉각된 공기는 데이터 센터로 반

환되어 재사용될 수 있다. 또 데이터 센터를 위한 에너지를 태양
전지판을 통해 얻을 수 있다면 에너지 양성을 위한 지역이 만들어
질 것이다. 그리하여 아무리 에너지 요구량이 많다 하더라도 그곳
은 에너지 생산기지가 될 수 있다.

데이터 센터의 열을 사용하기 위한 유일한 요건은 데이터 센터
가 외딴 지역이 아니라 도심 한가운데 있어야 한다는 것이다. 지
금까지 스파크는 개념으로만 존재해왔지만, 곧 이 개념의 원형이
구현될 전망이다. 이 개념이 구현되면 도시인들의 에너지 수요를
충족시킬 뿐 아니라 주민 스스로가 필요로 하는 것보다 더 많은
에너지를 창출하는 이른바 '파워 시티'가 조성될 수 있을 것이다.

타이니 하우스Tiny House

작은 규모에 때로는 이동 가능한 집으로 점점 더 많은 인기를 누
리고 있다. 베를린 건축가 반 보 레멘첼Van Bo Le-Mentzel은 도시형 유목
민들의 생활 방식을 뒷받침해 줄 작은 이동식 주택을 설계했다.
이는 거주민들이 점점 더 유연하게 생활하고 거주하기를 원하는
이동 사회에 대한 대안이라고 볼 수 있다. 동시에 부동산과 임대
료 상승 그리고 도시 지역의 극심한 공간 부족에 대한 해답이라
고도 볼 수 있다. 집의 크기는 다양하다. 2~3제곱미터의 연 면적
을 가진 매우 미니멀한 디자인의 집도 있으며 넓은 디자인은 최대

타이니 하우스Tiny House
(By Van Bo Le–Mentzel)

50제곱미터로, 때로는 2~3층까지 확장되기도 한다. 이 공간에서 생활하는 것의 매력은 자발적인 절제에 있으며 중요한 것은 무엇이 필요한지가 아니라 삶의 본질이 무엇인지 깨닫는 것이다. 이곳에는 불필요한 공간이란 없다. 동시에 타이니 하우스는 저렴하게 몇 천 유로에 집을 지을 수 있다. 또 이 작은 생활 공간은 에너지와 자원 소비를 최소화하기 때문에 지속 가능하다는 장점이 있다.

빈치라스트 미텐드린 VinziRast-mittendrin

빈의 사회 주택 프로젝트이다. 도심의 낡은 건물을 개조한 공유 아파트에서 학생들과 한때 노숙인이었던 주민들이 살고 있다. 이 프로젝트에 대한 아이디어는 2009년 학생들이 아우디맥스(Audimax,함부르크대학교의 대규모 강의실)를 점거했던 학생 시위 과정에서 나왔는데 아우디맥스는 이전에도 종종 노숙인들이 하룻밤을 묵어가는 장소로 사용되어 왔다. 2014년부터 학생들과 과거의 노숙자들은 빈치라스트 미텐드린에 있는 3명이 함께 사는 공유 주택에서 함께 생활하고 있다. 빈치라스트 미텐드린에는 주거 공간 외에도 자전거를 수리하거나 목공 작업을 할 수 있는 작업실도 마련돼 있다.

옥상에는 예술가들을 위한 작업 공간이 있으며, 1층에는 입주자, 자원봉사자, 전문가 등이 함께 근무하는 세련된 식당이 있다.

도시의 미래

빈치라스트 미텐드린은 도시 한복판에 서로 다름을 나눌 수 있는 공간이 있어야만 다양성이 살아날 수 있다는 것을 잘 보여주고 있다.

홍수 관리 계획Cloudburst Management Plan

코펜하겐에서 진행하는 프로젝트로 녹지를 조성함으로써 홍수를 완화하는 역할을 한다. 도시는 특히 기후 변화의 영향을 많이 받는다. 여기에는 폭우와 같은 극단적인 기후 상황도 포함된다. 코펜하겐시는 이에 대응하여 2012년 기후 적응 대책으로 자체적인 계획을 마련했다. 이를 통해 밀폐 면적을 줄이고, 녹지의 비중을 높임과 동시에 보존 및 침윤 유역과 비상수로를 건설해 빗물을 배출함으로써 홍수의 위험을 줄이고자 했다. 이것은 도시의 복원력을 증가시키고 뉴욕의 '빅 유'와 마찬가지로 도시 생활의 질을 향상시키는 새로운 녹지 공간을 만들어낸다.

지속 가능한 미래를 위하여

이 책을 통해 우리는 지속 가능하고, 정의로우며 살기 좋은 미래 도시의 설계도를 그리기 위해 노력했다. 우리의 책이 많은 논의를 불러일으키고 사람들에게 자극을 줄 수 있기를 희망한다.

건축이나 도시 계획에 있어 창조적이고 실천적인 관점을 통해서 우리는 현재의 도시가 어떻게 미래의 도시로 나아갈 수 있는지를 보여주고자 했다. 우리는 건축이나 도시 계획에 대한 창의적이고 실천적인 관점을 제시해 지금의 도시가 어떻게 미래의 도시로 나아갈 수 있는지를 보여주고자 했다. 우리가 꿈꾸는 미래는 과거에 매몰된 소위 '이상적인' 도시와는 다른 모습이다. 오늘날의 관점에서 말하는 성공과는 다소 거리가 먼, 지금 있는 자리에서 변화를 촉구하는 모습이기 때문이다. 하지만 놀랍게도 앞서 소개한 프로젝트들에서 확인할 수 있듯이 미래를 위한 변화는 이미 시작되었다. 우리는 이러한 변화를 소개함으로써 미래의 도시가, 우리가 설계한 모습이 결코 허상이 아닌 현실임을 강조하고자 했다.

도시는 우리가 만든다. 우리는 도시에 살면서 도시를 발전시키고, 건설하고, 활기차게 만들 수 있다. 좋은 도시를 만들어 갈 수도, 어쩌면 우리가 원했던 것과는 달리 나쁜 도시가 만들어질 수도 있다. 친환경적이거나 자원 파괴적인 도시, 인간적이거나 비인간적인 도시, 혹은 인간 중심이거나 다원적인 도시 환경을 만들 수도 있다.

미래의 도시를 어떻게 만들어 갈 것인가는 모두 우리 손에 달려 있다.

데이터 출처

P.58~60

United Nations(2018), 〈World Urbanization Prospects 2018〉, https://population.un.org/wup

P.64

Monocle(2018), 〈Quality of life annual〉, https://monocle.com/film/affairs/quality-of-life-survey-top-25-cities-2018

P.70

ESRI, 〈Welcome to the anthropocene〉, https://story.maps.arcgis.com/apps/MapJournal/index.html?appid=d14f53dcaf7b4542a8c9110eeabccf1c

P.71

SEDAC(2015), 〈Gridded Population of the World〉, https://sedac.ciesin.columbia.edu/data/collection/gpw-v4

P.91

United Nations(2018), 〈World Urbanization Prospects 2018〉, https://population.un.org/wup

P.92

World Economic Forum, Callum Brodie(2017), 〈These are the world's most crowded cities〉, https://www.weforum.org/agenda/2017/05/these-are-the-world-smost-crowded-cities

P.103

New Climate Economy(2018), 〈The 2018 Report of the global commission on the economy and climate〉, https://newclimateeconomy.report/2018/wp-content/uploads/sites/6/2018/09/NCE_2018_CITIES.pdf

P.113

World Cities Culture Forum(2018), 〈% of Public green space (parks and gardens)〉, http://www.worldcitiescultureforum.com/data/of-public-green-spaceparks-and-gardens

P.121, 124, 126

PNAS(2015), Christopher A. Kennedy, 〈Energy and material flows of megacities〉, https://www.pnas.org/content/112/19/5985

P.131

McKinsey Global Institute(2017), 〈A future that works. Automation, employment, and productivity〉, https://www.mckinsey.com/~/media/McKinsey/Featured%20Insights/ Digital%20Disruption/Harnessing%20automation%20for%20a%20future%20that%20 works/MGI-A-future-that-works_Executive-summary.ashx

P.141

PNAS, Christopher A. Kennedy(2015), 〈Energy and material flows of megacities〉, https:// www.pnas.org/content/112/19/5985

Amt fur Statistik Berlin-Brandenburg(2017), 〈Statistiken. Gebaude und Wohnungen〉, https://www.statistik-berlin-brandenburg.de/regionalstatistiken/rgesamt_neu.asp?Ptyp= 410&Sageb=31000&creg=BBB&anzwer=0

P.148

Knight Frank(2017), 〈Global Cities. The 2017 Report〉, https://content.knightfrank.com/ research/708/documents/en/globalcities-2017-4078.pdf

옮긴이
이 덕 임

동아대학교 철학과와 인도 뿌나대학교 인도철학 대학원을 졸업했다. 오스트리아 빈에서 독일어 과정을 수료했으며, 현재 바른 번역 소속 번역가로 일하고 있다. 옮긴 책으로《행복한 나를 만나러 가는 길》,《선생님이 작아졌어요》,《비만의 역설》,《구글의 미래》,《시간의 탄생》,《내 감정이 버거운 나에게》,《어렵지만 가벼운 음악 이야기》,《엘리트 제국의 몰락》,《안 아프게 백년을 사는 생체리듬의 비밀》,《불안사회》등이 있다.

도시의 미래

초판 1쇄 인쇄 2020년 9월 15일
초판 1쇄 발행 2020년 9월 20일

지은이 프리드리히 폰 보리스, 벤야민 카스텐
옮긴이 이덕임
감수자 서경희

발행인 유영준
책임편집 오향림
디자인 [★]규
인쇄 두성P&L
발행처 와이즈맵
출판신고 제2017-000130호(2017년 1월 11일)

주소 서울시 강남구 봉은사로16길 14, 나우빌딩 4층 쉐어원오피스(우편번호 06124)
전화 (02)554-2948
팩스 (02)554-2949
홈페이지 www.wisemap.co.kr

ISBN 979-11-89328-33-7 (03540)

이 도서의 국립중앙도서관 출판예정도서목록(CIP)은 서지정보유통지원시스템 홈페이지(seoji.nl.go.kr)와 국가자료 공동목록시스템(www.nl.go.kr/kolisnet)에서 이용하실 수 있습니다. (CIP 제어번호 : CIP2020035204)